# 目錄

## 3. 初識 Microsoft Copilot

## 4. 辦公室報告撰寫原則

# 5. 辦公室報告寫作的場景說明

# 6. 每日回報

# 7. 一對一訊息請示

## 8. 週報

# 9. 群組發文

# 10. 提供下次活動的檢討報告

# 11. 會議記錄

# 12. Email

# 13. 請人幫忙

## 14. 公文寫作

## 15. 未來展望與結語

# 1. 前言

在這個快速變遷的時代，AI 技術已經成為我們生活中不可或缺的一部分。而這本書的目的，就是要教你如何善用 AI，特別是 Microsoft Copilot，來寫出優秀的報告，最終達到逃離辦公室、奪回人生主導權的目標。

## 1.1 逃離辦公室：一場現代的逃獄計畫

逃離辦公室的過程，就像是一場逃獄計畫，需要經歷一段不短的時間與努力。想想看，真正的逃獄計畫哪有簡單的？我們必須周密計劃，每一步都要小心翼翼。對於想要擺脫辦公室束縛的你，這本書就是你的逃獄指南。

逃離辦公室並不是一件輕而易舉的事情。它需要你有足夠的勇氣和毅力，並且能夠巧妙地利用身邊的一切資源。這本書將帶你一步一步地學習如何通過寫報告來實現這一目標。你將會發現，報告不僅僅是一種工作上的任務，更是一種能夠改變你職業生涯的重要工具。

## 1.2 誰適合讀這本書？

這本書的讀者，是那些每天在辦公室裡辛苦工作的社畜們。他們心中嚮往自由，希望能有朝一日不再受制於辦公桌和例行會議，而是擁有更多的時間和空間去追求自己的夢想。

這些社畜們，可能是剛剛步入職場的新人，也可能是已經在職場打拼多年的老鳥。他們都有一個共同的特點，就是希望能夠通過自己的努力，改變目前的職業狀況，獲得更多的自主權和自由時間。而這本書，正是為他們量身打造的。

## 1.3 能力與收入的真相

人們常常認為，收入與職位的高低是與個人能力直接相關的。然而，現實卻並非如此。試想，那些五年前在台北買房的人，現在房價上漲了多少，這與

他們的能力有關嗎？那些空降的主管，有多少是老闆的親戚或死黨，這與他們的能力有關嗎？事實證明，一切都隨著風口走，做對選擇才是關鍵。

在職場上，我們常常看到一些能力平平的人卻能夠取得高薪和高位，而那些能力出眾的人卻常常被埋沒。這是因為在現代社會中，機遇和人際關係往往比能力更為重要。因此，我們需要學會如何抓住機遇，並且能夠有效地運用自己的人際關係，才能夠在職場中脫穎而出。

## 1.4 順勢而為的重要性

我們所處的環境總在變化，唯有順勢而為，跟著潮流走，才能在職場上立於不敗之地。做對選擇，比什麼都重要。未來的某一天，我們可能會被迫非典型就業，成為所謂的「自由工作者」。那時，我們是被迫跳傘，還是有著自己的滑翔翼平安著陸，完全取決於我們現在的選擇。

在這個變幻莫測的時代，我們需要學會如何順應潮流，才能夠在職場中立於不敗之地。這意味著我們需要不斷學習新的技能，適應新的環境，並且能夠靈活應對各種挑戰。唯有如此，我們才能夠在這個競爭激烈的社會中脫穎而出。

## 1.5 AI 時代的焦慮與確定性

現如今，我們已經不需要焦慮會不會被 AI 取代，因為未來大部分的老闆可能都不會再有工作給你了。這是已經擺在眼前的事實，終點如此明確，不需要焦慮。我們要做的，是把握現在，找到自己的定位，不僅僅是跟上 AI 的步伐，而是找到自己的價值所在。

AI 技術的快速發展，讓許多人感到焦慮和不安。他們擔心自己會被取代，擔心未來的工作機會會越來越少。然而，我們需要認識到，這些焦慮是無法改變現實的。我們應該做的是，如何利用 AI 技術，提升自己的競爭力，找到自己的定位，才能在這個變幻莫測的時代中順勢而為。

## 1.6 從辦公室資源開始，找到定位

定位的尋找，應該從我們現在所在的辦公室開始，善用現有的資源。找到定位，首先要學會職場 PUA。職場 PUA，是一種讓別人按照自己期望行事的技巧，而寫報告，就是職場 PUA 的開始，是一切的起點。

在辦公室中，我們擁有許多資源，這些資源包括我們的同事、上司，以及各種工作設備和工具。我們需要善加利用這些資源，才能夠找到自己的定位，並且在職場中脫穎而出。而寫報告，正是我們利用這些資源，實現職場 PUA 的第一步。

## 1.7 每個場景都融入 AI

職場 PUA 的終極目標，是脫離老鼠賽跑，擺脫日復一日的枯燥工作。現在是大 PUA 時代，在職場上，如果你不 PUA 別人，別人就會 PUA 你。PUA 是一種技巧，但真正的目的，是讓我們脫離老鼠賽跑。

在這個大 PUA 時代，我們需要學會如何在職場中運用 PUA 技巧，才能夠擺脫日復一日的枯燥工作。寫報告，是職場 PUA 的一種有效手段。通過寫報告，我們可以讓別人按照我們的期望行事，從而實現我們的目標。

## 1.8 財富流遊戲的啟示

在財富流遊戲中，我們學習如何脫離老鼠賽跑。而在現實的職場中，脫離老鼠賽跑的方式，就是寫好報告。報告是什麼？報告其實是一種最基本的自媒體。

財富流遊戲教會我們，如何通過有效的策略，擺脫老鼠賽跑，實現財務自由。而在現實的職場中，我們可以通過寫好報告，實現這一目標。報告，是

我們在職場中展示自己價值的一種重要方式。我們需要學會如何寫出優秀的報告，才能夠在職場中脫穎而出。

## 1.9　報告的種類與應用

　　報告的種類繁多，包括請人幫忙、社群發文、行動呼籲、日報、週報、活動檢討報告、總結報告、會議記錄、Email 和簡報等。我們要用 AI 來幫助自己儘快脫離辦公室，而這一切，都從寫好報告開始。

　　不同種類的報告，有著不同的應用場景和寫作技巧。我們需要根據具體情況，選擇適當的報告種類，並且善用 AI 技術，提升報告的品質和效率。唯有如此，我們才能夠在職場中脫穎而出，實現我們的目標。

## 1.10　重新奪回人生主導權

　　脫離辦公室，從寫好報告開始。報告，是職場 PUA 的工具，而職場PUA，則是讓別人按照我們期望行事的技巧。這一切的目的，都是為了讓我們能夠重新奪回人生的主導權，實現財務自主，掌握自己的時間，最終成為自營商，過上自己想要的生活。

　　現在，就讓我們一起踏上這場逃離辦公室的旅程，運用 AI 的力量，寫出優秀的報告，逐步實現我們的目標，奪回人生的主導權。

　　AI 報告寫作，給了我們一個全新的工具，讓我們能夠更加高效地完成工作，同時也能夠展示我們的價值。Microsoft Copilot 是一個強大的工具，讓我們能夠更加高效地完成各種報告，並且能夠在職場中脫穎而出。無論是請求幫忙的信件，還是社群媒體上的發文，亦或是正式的總結報告，Copilot 都能幫助我們提升品質和效率。

## 1.11 利用 AI 增強報告的影響力

在現代職場中，寫報告不僅僅是完成任務，更是一種展示自我價值和影響力的方式。報告的品質和內容，直接影響到我們在職場中的表現和未來的發展。Microsoft Copilot 能夠幫助我們在寫作過程中，提供智慧建議，提升報告的品質，並且節省大量時間。

Copilot 能夠根據我們的需求，提供精準的數據和分析，讓我們的報告更加具有說服力。此外，Copilot 還能夠幫助我們優化報告的結構和語言，讓報告更加清晰易懂，從而提升我們在職場中的影響力。

## 1.12 寫報告：從繁瑣到高效的轉變

過去，寫報告是一件繁瑣且耗時的工作，需要花費大量的時間和精力。而有了 Microsoft Copilot，我們可以將這些繁瑣的工作交給 AI 來完成，從而節省大量時間，讓我們能夠專注於更具創造性的工作。

Microsoft Copilot 能夠自動生成報告的初稿，並且根據我們的反饋，不斷優化和改進報告的內容。這樣一來，我們只需對報告進行簡單的修改和潤色，就能夠完成一份高品質的報告。這不僅提升了工作效率，還讓我們能夠在職場中更加游刃有餘。

## 1.13 重新定義職場角色：從員工到自營商

有了 AI 的幫助，我們可以重新定義自己的職場角色，從一個被動的員工，轉變為一個主動的自營商。這意味著我們不再僅僅是完成上司交代的任務，而是能夠主動發現問題，提出解決方案，並且通過報告來展示我們的價值。

自營商的角色，讓我們能夠更加靈活地應對職場中的各種挑戰，並且能夠主動掌控自己的職業發展。有了 Microsoft Copilot，我們可以更加高效地完成工作，並且能夠展示我們的專業能力，從而在職場中獲得更多的機會和認可。

## 1.14 為未來做準備：AI 與職場的結合

隨著 AI 技術的不斷發展，未來的職場將會發生巨大變化。我們需要提前做好準備，學會如何運用 AI 技術，提升自己的競爭力。Microsoft Copilot 是一個強大的工具，能夠幫助我們在職場中脫穎而出，並且能夠為未來的發展做好準備。通過學習如何使用 Microsoft Copilot，我們可以提升自己的報告寫作能力，並且能夠更加高效地完成工作。此外，Copilot 還能夠幫助我們提升數據分析和決策能力，讓我們在短時間內做出正確的決策。

## 1.15 脫離辦公室的策略：從報告開始

脫離辦公室的第一步，就是學會如何寫出優秀的報告。報告是我們在職場中展示自己價值的重要方式，通過寫好報告，我們可以讓上司和同事看到我們的能力和潛力，從而獲得更多的機會和認可。

有了 Microsoft Copilot，我們可以更加高效地完成各種報告，並且能夠提升報告的品質。這樣一來，我們可以在職場中更加游刃有餘，並且能夠逐步實現脫離辦公室的目標。

## 1.16 寫報告，其實是自媒體

寫報告這件事，其實做的事情跟自媒體差別不大，唯一的差別僅在自媒體可以只提出問題，用不同的方式表達對同一個問題的關切，單純自媒體可以不用解決問題；可是寫報告關乎職場寫作，以解決問題為導向；就算不知道解法也得生出三個方案讓他人來選，這是比較大的區別。

以自媒體來看寫報告這件事，首先，我們需要確定報告的目標和受眾。不同的報告，針對的目標和受眾是不同的。我們需要根據具體情況，選擇適當的報告格式和內容，才能夠有效地傳達信息，並且達到預期的效果。

其次，我們需要收集和分析數據。數據是報告的基礎，我們需要通過各種渠道，收集和分析相關數據，才能夠提供有力的證據，支持我們的觀點和結論。有了 Microsoft Copilot，我們可以更加高效地收集和分析數據，並且能夠生成精確的圖表和數據分析報告。

再次，我們需要優化報告的結構和語言。一份優秀的報告，不僅需要有豐富的內容，還需要有清晰的結構和簡潔的語言。Microsoft Copilot 能夠幫助我們優化報告的結構和語言，讓報告更加清晰易懂，從而提升報告的影響力。

最後，我們需要進行反覆的修改和潤色。寫報告是一個反覆修改和潤色的過程，我們需要不斷地檢查和修改報告的內容，才能夠達到最佳的效果。有了 Microsoft Copilot，我們可以更加高效地進行修改和潤色，從而提升報告的品質。

至於報告的品質怎麼判斷？就跟你是否能 PUA 你的老闆了。你能順利帶風向，讓他們照著你希望的方向走，這就是要從辦公室這座監獄要偷走的技能。

## 1.17 AI 報告寫作的實踐指南

在接下來的章節中，我們將會詳細介紹如何運用 Microsoft Copilot 來寫出優秀的報告。我們會從基本的報告寫作技巧開始，逐步深入，介紹如何利用 AI 技術，提升報告的品質和效率。無論你是剛剛步入職場的新手，還是已經有多年經驗的老手，都能夠從這本書中受益，找到適合自己的報告寫作策略。

我們將會介紹各種不同種類的報告，包括請人幫忙、社群發文、行動呼籲、日報、週報、活動檢討報告、總結報告、會議記錄、Email 和簡報等。每一種類型的報告，都有其特定的寫作技巧和策略，我們將會逐一講解，幫助你掌握每一種類型的報告寫作。

## 1.18 AI 報告寫作的成功案例

為了幫助你更好地理解和掌握 AI 報告寫作技巧，我們還將會分享一些成功的案例，展示如何通過 AI 技術，提升報告寫作的品質和效率。這些案例來自各行各業，包括科技公司、金融機構、醫療機構、教育機構等，希望能夠給你帶來啟發和幫助。

這些成功案例，展示了如何通過 AI 技術，實現高效的報告寫作，並且能夠在職場中脫穎而出。我們希望這些案例，能夠給你帶來啟發和幫助，讓你在自己的職業生涯中，也能夠取得同樣的成功。

## 1.19 AI 報告寫作的未來發展

隨著 AI 技術的不斷發展，報告寫作將會變得更加智慧和高效。我們需要提前做好準備，學會如何運用 AI 技術，提升自己的競爭力。Microsoft Copilot 是一個強大的工具，能夠幫助我們在職場中脫穎而出，並且能夠為未來的發展做好準備。

未來，AI 報告寫作將會變得更加智慧和高效。我們可以通過語音輸入，讓 Copilot 自動生成報告，並且根據我們的需求，不斷優化和改進報告的內容。此外，AI 技術還能夠幫助我們進行數據分析和決策，讓我們在職場中更加具有競爭力。

## 1.20 重新奪回人生主導權

脫離辦公室，重新奪回人生的主導權，不是一蹴而就的事情，需要我們付出大量的努力和智慧。而有了 AI 的幫助，我們可以更加高效地實現這一目標。Microsoft Copilot 是我們在這條道路上的得力助手，能夠幫助我們提升報告寫作的能力，並且能夠在職場中展示我們的價值。

現在，就讓我們一起踏上這場逃離辦公室的旅程，運用 AI 的力量，寫出優秀的報告，逐步實現我們的目標，奪回人生的主導權。希望這本書，能夠成為你在職場中的得力助手，幫助你實現自己的夢想，過上自己想要的生活。

# 2. Microsoft Copilot 是什麼？

## 2.1 Microsoft 365 Copilot

### 2.1.1 AI 人工智慧對辦公室社畜的意義

「AI 人工智慧快要取代人類了，以後我們就沒工作了！」很多人如此擔心焦慮著，怕幾個月後飯碗不保。

遙想 OpenAI 在 2022 年 11 月發佈 ChatGPT（當時還是 GPT-3.5)，光用一般口語的自然語，言以簡單的對話框來對話就能產出通順的語句讓世人驚艷，其大型語言模型 (Large Language Model) 為基礎，主要用於理解和生成人類語言，其強大功能在於能理解上下文，並根據需要產生一連串的字串。這些模型主要用於處理和生成語言，使它們能夠理解和產生文字。

透過在大量文本數據上進行訓練來建立的，能夠執行各種語言任務，比如回答問題、撰寫文章、翻譯語言等。這些模型通常由數百萬到數十億的參數組成，這些參數捕捉語言的細微差異和語境。

儘管那時尚未通過圖靈測試（Turing Test），但能夠在對話中讓人辨別是否為人類還是電腦的語句，這明顯的差異正在加速縮小。

剛開始許多人對於 ChatGPT 能夠產生自然且連貫的對話感到驚訝和興奮。這種技術突破使得人們對人工智慧的未來充滿期待，不少人出於好奇，開始嘗試與 ChatGPT 對話，探索它的能力和限制。看到商機的各家高科技大企業和軟體開發者迅速將 ChatGPT 應用於各種場景，如客服、自動化助手、內容創作等，以提高效率和創造價值。

沒過多久的 2023 年可說是 AI 元年，各家高科技公司百花齊放紛紛推出其 AI 服務，隨著 AI 光速般的進步與逐漸普及到各領域，一些人開始擔憂其可能帶來的道德問題和隱私風險，討論如何在使用此技術時保護用戶權益。

特別是辦公室的白領們，看著 AI 像火箭飛越般提升生產力，把重複性的工作自動化，簡化人工打字輸入數據、報表生成或日程安排等行政工作，為人力

資源團隊節省大量時間；人工智慧能夠快速處理和分析大量數據，大幅加快資料分析和洞察，協助決策者做出高價值的決定。

更讓人憂慮的是，AI 人工智慧是不用睡覺的，可以提供一週 7 天 24 小時全天候的客戶服務，並且能夠即時回應客戶的問題，提高客戶滿意度，並可以預測企業服務的各種問題，在問題發生前提供解決方案，減少成本。

這樣講起來，感覺坐在辦公室的我們就快被取代了，真的嗎？我們從辦公室最基本的業務：寫文件報告，光是這麼簡單的事情來觀察，發現事情似乎沒這麼簡單。

儘管 AI 工具多如牛毛，我們光看 ChatGPT 就會發現，它只是一個基於開放域的語言生成模型，它雖然可以生成流暢和創造性的文字，但它不能保證文字的正確性、適切性和客觀性。特別是關於精準的人類經驗描述，無法針對你的特定需求和偏好進行調整和優化。我們就以需要常常寫報告的心理諮商師為例，他們對個案的報告與分析，用 ChatGPT 要在短時間生出合乎規範的案例分析，非常困難，由諮商師自行打字還比用 ChatGPT 校正快。

現階段最大價值並非取代待在辦公室的人類們，而是幫助我們**節省更多時間**，特別是本書想跟你分享的，運用類似 ChatGPT 鑲嵌在 Office 中的功能，讓工作常用的 Word、Excel、PowerPoint、Outlook 能大幅度省下許多寶貴的發想、編輯與修改的時間。

## 2.1.2 Copilot，讓辦公室社畜準時下班的虛擬助手

「晚上要跟伴侶約會，我今天一定要準時下班！！！」心裡這麼吶喊著。

可是，明天客戶的簡報還沒弄好，word 資料修改主管也還沒回，怎麼辦？只好鼻子摸摸，乖乖待在辦公室挑燈夜戰，默默地傳訊息給伴侶說今天沒法赴約…word 的空白螢幕搭配者另外一頭賭氣的訊息，而真正能能陪伴你的只有肖夜時間的打掃阿姨，還是阿姨關心你的身體健康。

阿姨，我不想努力了（啊，不是這位阿姨啦）

這種小劇場想必是很多台灣社畜的心聲，沒加班費就算了，每天還得跟工作熬戰，誰受得了？

然而，我們換一種場景看看：

假設小明是初級市場分析師，負責準備每周的銷售報告給老闆。這包括數頁的文字報告、數據分析和製作週報簡報。

使用 Word：

撰寫報告：小明從零開始撰寫報告，需要花費大量時間進行資料收集、草稿撰寫還被長官退了兩三次，最後反覆編輯。

語法檢查：小明需要依賴內建的拼寫和語法檢查工具，但它們往往不能捕捉到所有錯誤，讓我們不得不仔細校對。

使用 Excel：

數據分析：小明手動輸入數據，使用公式和樞紐分析表來整理數據。

圖表製作：小明自行設計並製作各種圖表，這需要他具備良好的 Excel 技能和大量時間來進行格式設定。

數據更新：每次數據變更時，小明必須手動更新報告中的數據，容易出錯且耗時。

使用 PowerPoint：

製作演示文稿：小明手動設計每一張投影片，包括插入圖表、圖片和文字內容。

美化投影片：小明需要花時間選擇和應用一致的模板和設計風格，以確保演示 slides 的專業性。

重複性工作：小明在製作每周報告時，常常需要重複類似的內容，感到乏味且低效又不知不覺地滑手機拖延，浪費更多時間。

情境二：有 Microsoft Copilot Pro

角色：隔壁班優秀的小華

小華也是一位初級分析師，負責準備每周的銷售報告。他使用 Microsoft Copilot Pro 來協助完成任務。

使用 Word：

撰寫報告：小華輸入關鍵字和大綱，Copilot 自動生成初步草稿，讓他可以更快地完成報告，就算被直屬長官退件，也能快速修好。

語法檢查：Copilot 能針對不同的受眾調整不同的語氣，被退件能快速修正。

使用 Excel：

數據分析：小華只需輸入原始數據，Copilot 便能自動生成所需的分析和樞紐分析表。

圖表製作：Copilot 能夠根據數據自動生成專業的圖表，小華只需選擇適合的圖表樣式即可。

數據更新：每當數據變更時，Copilot 會自動更新報告中的數據，確保報告準確無誤。

使用 PowerPoint：

製作演示文稿：小華可以使用 Copilot 根據報告內容自動生成演示文稿，包含圖表、圖片和文字。

美化投影片：Copilot 會自動應用一致的模板和設計風格，確保演示文稿的專業性和美觀性。

重複性工作：Copilot 能夠識別和自動處理重複性內容，讓小華專注於創造性和策略性工作。

來比較分析一下我們的窘境和小華的高效：

效率：小華使用 Copilot 能顯著提升工作效率，減少重複性工作，將更多時間用於數據分析和決策。

滿意度：小華能夠更快完成工作，減少壓力，提升工作滿意度和成就感。

耶～按照小華這樣做，我們就能提早下班。不，還是得看老闆臉色……。

But…. 至少有了 AI 助手，我們可以不用這麼燒腦，更有機會提早下班的機率吧！

## 2.1.3 Copilot 的好處

Copilot 可以為我們提供量身訂製的建議、簡化工作流程並幫助我們在更短的時間內實現更多目標。ChatGPT 設計用於一般內容創作，而 Microsoft Copilot 專注於 Microsoft 365 生態系統內的生產力，相當於用低廉的價格為身為社畜的我們聘請一位助理，像是報告撰寫 Copilot 可以幫助我們創建專業的報告，提供結構化的內容、數據分析和視覺化元素，使報告更加清晰和有說服力。加上 Microsoft 365 整合，Copilot 與 Microsoft 365 緊密整合，能夠輕鬆存取和編輯 Word、Excel 和 PowerPoint 文件，並利用 OneDrive 進行雲端儲存和共享。

跟微軟的產品比較而言，ChatGPT 更多的是一個多功能的對話型 AI，而 Microsoft Copilot 更像是針對特定應用場景的專業工具。

以開發者與技術基礎而言，ChatGPT 是由 OpenAI 開發，基於 GPT（Generative Pre-trained Transformer）模型。ChatGPT 專注於生成連貫、有關聯的文本回答，廣泛用於聊天機器人、教育、內容創作等場景。

Microsoft Copilot 則是 Microsoft 開發的一款工具，嵌入到其他 Microsoft 產品中，在功能與應用上，ChatGPT 的設計重點是通用性，可以處理多種類型的查詢，從日常對話到專業知識問答，而 Microsoft Copilot 更專注於特定領域的輔助，比如 GitHub Copilot 專注於程式設計，使用上更專一。它整合了特定領域的知識，以提高用戶在該領域的工作效率。

整合與互動方式層面來說，ChatGPT 可以獨立運行或整合到各種平台和應用中，提供交互式的對話體驗。Microsoft Copilot 通常作為現有產品的插件或功能存在，比如整合在 Visual Studio Code 中幫助編寫代碼，或是 Office 軟件中提供文檔編寫的輔助。

Microsoft 365 的人工智慧助手 Copilot 是專門設計給辦公室工作使用的，直接把 AI 助手鑲嵌到各種應用軟體，用一般生活口語下指示 prompt 後，直接在軟體上產生結果，不像是 ChatGPT 以聊天框的形式一問一答。

如果我們有興趣使用 Copilot 來撰寫書籍或設計簡報，Copilot 也能提供相關的協助，例如內容規劃、章節結構和設計模板。

Microsoft 365 Copilot Pro 是一種利用人工智慧來協助寫作的工具，讓你能創造出更佳的文稿。無論你是學生、老師、企業家、部落客或其他想要增進寫作能力的人，都適合使用它。以下是它的部分功能介紹：

語言生成和修正：Microsoft 365 Copilot Pro 可以根據你的需求和風格，自動生成或修改文章的開頭、結尾、段落、句子、標題等，讓你的文稿更有組織、更清晰、更吸引人。

內容改善和建議：Microsoft 365 Copilot Pro 可以分析你的文稿的主旨、觀點、語氣、重點等，並給你提供相關的資訊、例子、數據、圖表等，讓你的內容更有深度、更有說服力、更有價值。

文體和格式調整：Microsoft 365 Copilot Pro 可以根據你的目的和讀者，自動選擇最適合的文體和格式，例如正式或非正式、商業或學術、報告或信函等，並幫你排版、加標點、設置字體、插入表格等，讓你的文稿更專業、更美觀、更易讀。

Microsoft 365 Copilot Pro 是一個強大而靈活的寫作助理，它可以幫助你寫出更好的文稿，也可以幫助你學習更多的寫作技巧和知識。你只需要在 Microsoft Word 或 Outlook 中安裝它，就可以開始享受它的服務。你可以按照你的喜好和需求，選擇使用它的全部或部分功能，或者關閉它，完全掌握你的寫作過程。你也可以隨時反饋和評價它的表現，讓它不斷地學習和改進，成為你最信賴的寫作夥伴。

語言生成和文案優化：Microsoft 365 Copilot Pro 不僅可以檢查你的文稿，還可以幫助你生成和優化你的文案。無論你是要寫一封信、一篇報告、一份簡報，還是一段廣告，它都可以根據你的目的、對象和風格，給你提供合適的語言建議和範例，讓你的文案更有力度、更吸引人、更有效果。

資料分析和視覺化：Microsoft 365 Copilot Pro 還可以幫助你分析和呈現你的資料。你只需要選擇你想要分析的資料來源，它就可以自動生成可靠的統計數字、趨勢、預測和見解，並將其轉化為易於理解的圖表、表格和圖像，讓你的資料更有說服力、更有價值、更有意義。

## 2.1.4 Microsoft Copilot 生態系與工作原理

在介紹虛擬助手 Copilot 本尊之前，我們要先認知到 Microsoft Copilot 有個很大生態系，分為六大面向，分別為 Operating Systems、Developer、Business applications、Modern Work、Data and AI、Browser & Search。

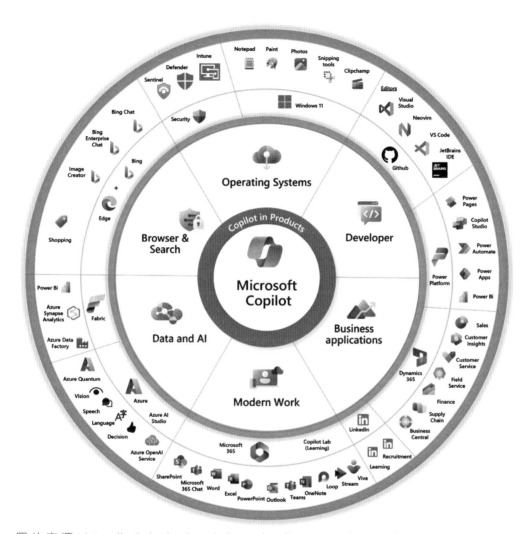

圖片來源：https://switchedon.bowdark.com/copilots-everywhere-understanding-microsofts-copilot-strategy-f5d576cef81b

　　這張微軟 AI 數位虛擬助手生態系圖展示的是 Microsoft Copilot 與各種 Microsoft 產品和服務的整合方式。Microsoft Copilot 是一個應用層面非常廣泛的工具，它結合了大型語言模型的能力，圍繞著整個 Copilot 生態系龐大輻射圖中，一般非軟體工程師的辦公室工作者最常用到的是 Modern Work 中 Microsoft 365 的 Office 系列。

訂閱制服務 Microsoft 365 應用程式，例如 Word、Excel、PowerPoint 等。Copilot 通過理解用戶的上下文和內容，提供建議和自動化任務，從而提高工作效率。

在使用 Office 系列時，個人用戶必須訂閱 Microsoft 365 家用版 NT$3,190.00 / 年，適合一到六人使用，或是純個人版 NT$2,190.00/ 年，這些都還不包含人工智慧助手 Copilot 的功能。

為了具備更進階的 AI 功能，個人使用必須在 Microsoft Store 以每用戶 / 每月 20 美元購買 Microsoft Copilot Pro。這種高級訪問權限提供對 GPT-4/GPT-4 Turbo 的訪問、加速性能和進階功能。

個人用戶可以使用個人 Microsoft 帳戶（例如 outlook.com、live.com 或 hotmail.com）註冊 Microsoft Copilot Pro。一旦註冊後，他們可以通過與常規 Microsoft Copilot 相同的 URL 登錄 copilot 來訪問進階功能：https://copilot.microsoft.com。

Microsoft Copilot Pro 還提供了一些與 Microsoft 365 中的 Copilot 相同的功能，例如在 Outlook、Word、Excel 和 PowerPoint 等應用程式中。主要區別在於，雖然 Microsoft 365 中的 Copilot 作為 Microsoft 365 商業訂閱的一部分解鎖，但 Microsoft Copilot Pro 在 Microsoft 365 Personal 或 Microsoft 365 Family 訂閱中解鎖 Copilot 功能。

在這個生態系中，客戶的資料本身（微軟公司稱為 Microsoft Graph）扮演著關鍵角色，它連接了用戶的電子郵件、文件、會議、聊天、日曆和聯絡人等數據，為 Copilot 提供必要的上下文信息。這樣當用戶在 Microsoft 365 應用程式中發出命令時，Copilot 可以利用這些信息來生成相關且有用的回應。

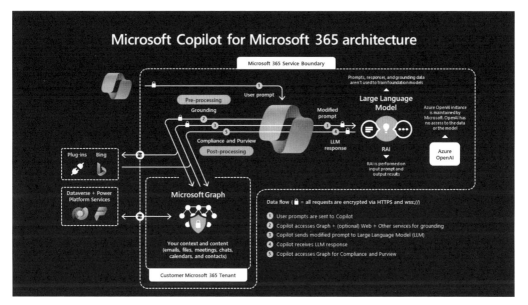

圖 片 來 源：https://learn.microsoft.com/en-us/training/modules/introduction-microsoft-365
-copilot/3-how-copilot-works

這張圖是生態系中 Microsoft Copilot for Microsoft 365 的工作機制架構圖。 Microsoft 365 各種應用程式和 Copilot 之間的互動，通過預處理、基礎化和後端處理等多個過程來實現的。特別是用戶的個人資料 Microsoft Graph 在提供上下文和內容方面的功能。當用戶在其中一個應用程式中給出提示或命令時，它會經過一系列的處理步驟（預先處理和基礎化），然後到達大型語言模型（LLM）。LLM 生成後會進行後端處理，把結果發送回用戶。在整個過程中，客戶的資訊安全在 Microsoft 365 服務內得到保障。具體來說分成以下步驟：

使用者提示 (User Prompts)：這是使用者輸入的文本或指令，作為 Copilot 開始生成回應的起點。

預先處理 (Pre-processing)：在進入大型語言模型之前，使用者提示可能需要進行一些前處理。這可能包括語言翻譯、語法修正、實體識別等。

Grounding：這是一個關鍵步驟，將使用者提示與外部資源（例如 Bing 搜

索、Dataverse + Power Platform Services）進行關聯。這有助於為模型提供更豐富的上下文。

合規性和視野 (Compliance and Purview)：在生成回應之前，Copilot 需要確保回應符合相關法規和政策。Microsoft Graph 在這方面扮演著重要角色，它管理著使用者的上下文和內容。

後端處理 (Post-processing)：生成的回應可能需要進一步的後處理，例如語法調整、風格統一等。

大型語言模型 (Large Language Model)：這是 Copilot 的核心，它基於大量的訓練數據生成回應。

資訊流的安全措施：該圖還強調了資訊流的安全性，以確保使用者資料不會遭到濫用。

## 2.1.5 Microsoft 365 Copilot 的工作原理

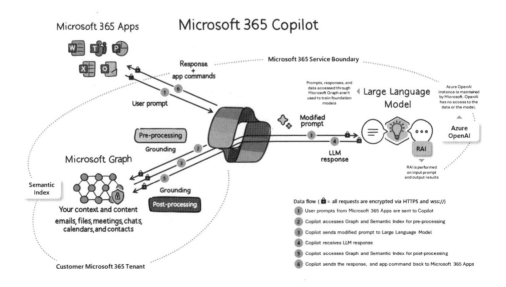

圖片來源：https://learn.microsoft.com/en-us/microsoft-365-copilot/extensibility/ecosystem

　　這張圖是 Microsoft 365 Copilot 特別針對 Office 軟體的工作機制流程圖，它展示了 Copilot 如何與 Microsoft 365 應用程式互動。以下是對圖中每個部分的詳細解釋：

　　Microsoft 365 Apps：這是用戶直接與之互動的應用程式，如 Word、Excel 和 PowerPoint。

　　用戶提示：當用戶在 Microsoft 365 Apps 中輸入命令或請求時，這些提示會被送到 Copilot。

　　預先處理：這是對用戶提示進行初步處理的階段，以便為後續的處理做準備。

　　Microsoft Graph：這是一個服務，它提供用戶的上下文和內容，如電子郵件、文件、會議、聊天、日曆和聯繫人等資訊。

　　基礎化：在這個階段，Copilot 利用 Microsoft Graph 提供的資訊來理解用戶的需求。

　　大型語言模型 (LLM)：這是 Copilot 的核心，它根據用戶的提示和上下文生成響應。

　　後端處理：這是對 LLM 生成的響應進行最終調整的階段，以確保它適合用戶的需求。

　　訊息回覆：這是最終的輸出，Copilot 將處理過的響應發送回 Microsoft 365 Apps。

　　整個過程中，所有的數據都在 Microsoft 365 服務內加密和保護，確保用戶的資訊安全。這個流程圖的目的是為了展示 Copilot 如何快速處理用戶的請求，並提供有用的輔助，從而提高工作效率和生產力。簡單來說，Copilot 的使用邏輯是以用個個人的資料為主（Microsoft Graph），產生內容會引用部

分微軟的大資料庫，在安全性上絕對安全，因為企業資料是不會放入微軟與 OpenAI 的大型語言庫中任他人調用的，僅由用戶自己使用。我們透過 Word、PowerPoint、Excel、Outlook 輸入指令 Prompt 後，調用我們自身的資料（Microsoft Graph）以及微軟自身的語言模型（Large Language Model）後，再回傳結果給我們使用者。

## 2.1.6 人工智慧助手 Microsoft 365 Copilot 簡介

在生態系中訂閱制服務 Microsoft 365，人工智慧助手 Copilot 依照付費等級分成三種：

2.1.6.1 Copilot：免費的個人使用版，可在網頁上免費使用

2.1.6.2 Copilot Pro：付費的個人、家用版，需要先訂閱 Microsoft 365 服務，才能額外加購 Copilot Pro

2.1.6.3 Copilot for Microsoft 365：付費的商用、企業版，也需要先訂閱 Microsoft 365 服務，才能額外加購 Copilot

由於虛擬助手 Copilot Pro 是基於 Microsoft 365 本身的訂閱制服務，個人或家庭必須先付費訂閱 Microsoft 365 後，才「**有資格額外訂閱**」Copilot Pro，每月價格為 20 美元。這也意味著已經買斷 Office 軟體，像是 Office 2019 或 Office 2021 等更早期一次性購買的永久版，是無法額外訂閱 Copilot Pro。

Copilot for Microsoft 365 是商業版中的額外購買項目，需要訂閱 Microsoft 365 商業版（標準版及以上）或企業版（E3 及以上），才有資格購買 Copilot，每月價格為 30 美元。Copilot 不僅將 ChatGPT 連接到 Microsoft 365，還將大型語言模型（LLM）的強大功能與我們身為個人使用者的資料，包含日曆、電子郵件、聊天、文件、會議等（微軟公司稱使用者資料為『Microsoft Graph』）和 Microsoft 365 應用程式結合，大幅提升工作效率。

以付費版的 Copilot Pro 與 Copilot for Microsoft 365 來說，最大的差別在於 Copilot Pro 是為個人用戶設計的，特別適合需要在編輯寫作或生成圖像等任務中使用 AI 的重度使用者，也有權限在高峰時段使用 GPT-4 和 GPT-4 Turbo。Copilot Pro 用戶每天可以在 Designer (Bing Image Creator) 中使用最多 100 次提升來創建或編輯 AI 圖像，可以使用簡單的提示來創建自定義的 Copilot GPT，以及使用 Office 軟體的 Word、Excel 和 PowerPoint。

需要注意的是個人、家用版 Copilot Pro 無法使用會議軟體 Teams。

Microsoft 365 Copilot 是為公司、組織設計的，因此它包含了所有的生產力應用軟體，並連接到公司資料庫 Microsoft Graph，其商業機密資料受到保護。

| 項目 | 費用 | 服務項目 | 使用特色 |
|---|---|---|---|
| Copilot | 免費 | 個人，標準的 GPT-4，回答的資料來自網路，每天的使用有次數限制 | 問知識性問題：<br>台北市到東京市的距離<br>太陽系有幾大行星 |
| Copilot Pro | 付費<br>依照人頭<br>一個月<br>20 美金 | 個人、家用<br>優先使用大型語言模型，在尖峰時間有優先使用權<br>Copilot 內嵌到 Office 軟體，包含 Word、PowerPoint、Excel 以及 Outlook<br>個人使用 Copilot GPT Builder（額外收費） | 使用 Office 軟體內含 Copilot 人工智慧助手，Word 可以快速起草提案、簡報、用正確的語調回信給客戶等等<br>個人、家用版使用者，向 Copilot 輸入指令的資料會被大型語言模型數據庫使用 |
| Copilot for Microsoft 365 | 付費<br>依照人頭<br>一個月<br>30 美金 | 商用、企業用戶的客製化服務<br>優先使用大型語言模型，在尖峰時間有優先使用權<br>Office 軟體內嵌 Copilot Pro<br>會議軟體 Teams<br>運用企業內的資料<br>確保企業資訊安全<br>個人使用 Copilot Studio（額外收費） | 跟聘僱一位私人助理類似，可直接問說「我下週有哪些會議要開」、「我還有哪些 email 尚未回信」、「告訴我期中報告日期的與要交付的產品與相關規格」，Copilot 會直接抓企業的雲端資料庫的 email、Teams、Chats、Word、PowerPoint 等等整合後回應<br>商用、企業版使用者，向 Copilot 輸入指令的資料會被受到保護，不會被大型語言模型數據庫使用 |

至於 Office 軟體在個人版和商用企業版的 Copilot 功能大致相同，卻有兩個關鍵差別：

差別一：個人版沒有商用企業級別的商業資料保護 Graph 技術，以家用版與個人版來說，Microsoft 服務合約中提及 AI 服務中有說明：

「iv. 我們的內容之使用。在提供 AI 服務的過程中，Microsoft 將處理和儲存我們對服務的輸入內容以及輸出自服務的內容，用於監控和防止服務的濫用或有害使用或輸出。」

條款連結：https://www.microsoft.com/zh-tw/servicesagreement/

針對 Copilot for Microsoft 365 商業用戶則有明確的協議，確保資訊安全，條款連結：https://learn.microsoft.com/zh-tw/copilot/microsoft-365/microsoft-365-copilot-privacy

舉例來說，大型企業頻繁開會產生大量逐字稿，工作上會需要大量彙整會議逐字稿後，產出精準的會議紀錄，然而會議逐字稿會涉及公司與客戶機密，因此無法使用 ChatGPT 與 Copilot 免費版會有洩漏商業機密到共用的大型語言模型中。商務版、企業版的 Office 帳號不會把資料分享到公開區，個人與家用版就沒有此功能。

差別二：個人、家用使用者無法匯入整份 Word 文件去產生 PowerPoint 投影片，而且個人、家用版中 Teams 沒有 Copilot Pro 功能。

Copilot Pro 和 Copilot for Microsoft 365 之間的主要區別在於功能範圍和定價策略。Copilot Pro 適合個人用戶和小型團隊，而 Copilot for Microsoft 365 提供更高級的功能，適合專業用戶和大型企業。

## 2.1.7 Microsoft Copilot 的特色

Copilot 聰明的地方在於，它會讀完你整份文件後，「嘗試」配合上下文給你一段文字。一個使用的小技巧是，把一份文件分成正文和參考資料兩個關係完全不隸屬的章節，當你在正文中「產生」新段落時，它會參考所有文件，也包含參考資料。因此建議把你的參考資料都先複製貼上到參考資料章節，這樣它就能從你的文件中試著組織出你要的段落文字。

畢竟編輯輸入框僅有 2000 字的限制，參考資料可能超過這個字數就無法讓它參考，就放在正文後面的參考資料章節。

當然，也可以匯入其他 Word 檔，然而此功能僅適用於商務企業版，一般個人或家用版就沒這麼方便。

要讓這 AI 助手發揮真正潛力，需要打出一套「**組合拳**」。實際的應用場景可能是要報告這一季網路上彙整的市場調查資料：

從網路上找到一些資料後以 Word 開啟，資料頁數可能長達百頁。以前就是得交給助理加班熬夜整理出重點，現在只要用「摘要功能」便能快速摘要重點，並要求 AI 用不同的語氣或風格重寫一個全新的段落。

再來，Word 針對全新的段落更改口吻，讓報告針對不同的閱聽者有不同的感受。讓 AI 列點大標題、次標題，搭配 PowerPoint 將 Word 的文字較多的投影片變成簡潔的要點，以利精準行銷我們準備的報告。

以前做簡報得花不少時間，現在一鍵生成十幾頁的初稿。

Word 檔案重點彙整好，PowerPoint 簡報做好後要寄給同事、老闆、主管與客戶，這時叫出 Outlook 在 3 分鐘內快速產生初稿，甚至還有寫成押韻詩的功能，不用再煩惱 email 怎麼措詞恰當，現在一鍵生好。

Outlook 強大的地方在於它可以彙整過去的 email 內容，能知道重要時程

檢核點、已經跟誰聯絡過，這幫助我們不用再去翻以前成堆的 email 標題和整串的回覆郵件，能快速總結事情的前因後果。

## 2.2 為何選擇 Microsoft Copilot 撰寫報告

前面解釋了這麼多，世面上又充斥著數不盡的 AI 工具，為什麼選擇 Copilot 當我們的虛擬助手？

結論就一句話：「我們必須為了逃離現在的辦公室做準備。」總有一天我們會被踢出去，無論自願還是被迫穿小鞋的；就像被強迫高空跳傘，我們要準備背好「確定開得了的降落傘」。

也就是說，當我們被迫要「自由工作」時，就得要徹底運用 AI，量身打造我們的逃離辦公室計畫。特別是你自認為現在是辦公室社畜，那更應該用 Copilot 來一步一腳印地發展個人品牌，而個人品牌從職場品牌開始。

為了什麼？當然為了要賺更多錢，甚至賺出更多時間，時間多到拿來耍廢、追劇都值得，人生就該浪費在美好的事物上，而非在辦公室跟 Office 打交道，到最後連苦勞都沒，還被老闆嫌棄踢走。

台灣現代職場中不像經濟奇蹟年代，加班時間越長錢越多，愛拼真的會贏；現在則是加班無止盡，口袋的錢增加得速度非常有限。我們唯一能做的便是長期經營個人品牌戰略，而這種思維對於「辦公室社畜」的我們不可忽視。

對於那些在組織內部工作，並且經常感到壓力和倦怠的職場人來說，發展個人品牌可以帶來多重好處，尤其是當他們利用像 Microsoft Copilot 這樣的先進工具來提升自己的專業形象和工作效率時。這種做法不僅對傳統的全職工作者有利，對於非典型就業和零工經濟從業者來說，也具有深遠的意義。

這意味著當我們決定脫離辦公室，不透過公司或組織才能有收入，而是直

接面對市場，已有的品牌效應可以吸引更多的客戶和機會，減少轉型過程中的風險和挑戰。有助於展示我們的專業技能和知識。通過過往的工作成果與累積的人脈，辦公室社畜可以脫穎而出，獲得更多的升職和加薪機會，甚至能無痛接軌地轉成獨當一面的自營商。

Copilot 能幫助我們在 Office 軟體應用中高效完成工作，進一步提升我們的專業形象。

當老闆斷我們財路時，有效的個人品牌能夠幫助無縫銜接這段不算短的轉職期，當其他人都在丟履歷發愁時，有個人品牌的人已經在談案子的路上了，甚至能進待遇更好，更適合自己的組織繼續工作。

建立個人品牌可以提高我們的知名度和可見性，讓同事和上司更容易注意到我們的貢獻和潛力，有相關問題時第一時間就會聯想到我們，這該怎麼做呢？

在職場上，這種方法有很多，我認為最簡單，同時 CP 值最高的事情，就是寫出讓人印象深刻的報告。

使用 Copilot，我們能快速生成打到老闆需求的優質報告和簡報，在會議和項目中展現出色的表現。

從個人品牌的角度來看，職場品牌的重要性不容忽視，尤其是在現代競爭激烈的工作環境中。職場品牌不僅僅是個人在工作中的形象展示，更是一種專業實力和價值觀的體現。運用 Office 軟體，特別是像 Microsoft Copilot 這樣的人工智慧助手，可以在多方面提升我們的職場品牌。

在職場中，專業形象是未來個人品牌的基礎。利用 Microsoft Office 軟體，我們可以撰寫高品質的文書、報告、簡報和電子郵件，展示我們的專業能力和細緻入微的工作態度。例如，在 Word 中撰寫結構清晰、內容翔實的報告，或在 PowerPoint 中製作視覺效果優美的簡報，都能夠讓我們在同事和上司面前

留下深刻印象。而借助 Copilot 的幫助，這些文書的品質將更加卓越，因為它可以自動生成內容、優化語言和結構，使我們的作品更具專業性。

這邊要特別指出「提高工作效率」，職場品牌不僅僅是展示專業知識，還包括我們的工作效率和解決問題的能力。使用 Office 軟體，我們可以極大地提高工作效率。例如，在 Excel 中進行數據分析和生成報表，或者在 Outlook 中快速處理大量電子郵件，這些都能顯示出我們在高效工作中的優勢。Copilot 的介入更是將這種高效性提升到一個新的層次，通過自動化任務和人工智慧建議，節省我們大量的時間，讓我們能夠專注於更重要的工作。

為什麼有人能不缺工作，又能賺不少錢？除了策略對外，工作還是回歸到「信任」這件事。信任是建立個人品牌的重要因素。當我們能夠持續提供高品質的工作成果，解決公司、組織的問題，並在必要時快速有效地回應需求時，這種信任感自然會增強。Copilot 能幫助我們更好地管理和處理工作任務，例如在 Outlook 中提供即時的回覆建議，這些都能展示出我們的可靠性和專業性，讓同事和上司更加信任我們的能力。

況且，能夠熟練運用先進工具如 Copilot，展示了我們對新技術的掌握和應用能力，這是個人品牌的一部分。當我們能夠利用這些工具來提升工作效率、改進工作流程時，我們的適應能力和創新意識有很大的機會被主管、老闆、同事以及未來的潛在客戶認可。例如，利用 Copilot 在 PowerPoint 中快速生成打中痛點的簡報，或在 Word 中自動生成和優化報告內容，都能顯示我們善於利用新技術來改進工作的能力。

誠然，個人品牌是脫離不了扎實專業知識、技能的，是個人品牌的核心。有 AI 助攻的 Office 軟體提供了展示和分享我們專業知識的平台。例如，在 Excel 中，我們可以通過數據分析和圖表展示來表達我們對特定領域的深入理解；在 Word 中，我們可以撰寫深入的研究報告或分析文章；在 PowerPoint 中，我們可以製作講解複雜概念的簡報。Copilot 的加入，使這些過程更加簡單和高效，確保我們的專業知識得到充分展示。

　　職場品牌與寫報告在職場 PUA（Psychological Unfair Advantage）中的關係是非常微妙且有力的。職場 PUA 是一種策略，旨在利用心理優勢和策略來在職場中取得不公平的優勢。這種策略不一定是負面的，當正確應用時，它可以幫助我們更好地展示自己的價值和能力，從而在競爭激烈的職場中脫穎而出。

　　發展職場品牌是現代職場專業人士在工作中脫穎而出的關鍵，而利用 Microsoft Copilot，可以大幅提升我們的專業形象和工作效率。本文將詳細探討如何運用 Copilot 來發展職場品牌，節省時間，並展現專業能力。

　　首先，職場品牌的發展通常是從個人的專業形象開始的。在這個過程中，專業度和高效性是至關重要的因素。Microsoft Copilot 是一個嵌入在 Microsoft 365 應用程式中的 AI 助手，能夠在多種情境下幫助我們更快地完成任務，並確保結果具有高度的專業性。例如，當我們需要撰寫報告時，Copilot 可以自動生成結構合理、內容豐富的草稿，並根據我們提供的基本提示進行擴展和優化。這不僅大幅縮短了撰寫報告的時間，還確保報告內容符合目標讀者的需求和期待。

　　在 Excel 中，Copilot 的數據分析能力尤為突出。我們只需提供數據集，Copilot 就能快速生成詳細的分析報告，包含圖表和預測模型，使我們的報告更具說服力和視覺吸引力。這不僅節省了我們手動處理數據的時間，還提高了報告的品質。

　　同樣地，在 PowerPoint 中，Copilot 能夠協助我們設計出專業且吸引人的簡報。無論是撰寫草稿、設計排版建議，還是整合資料視覺化，Copilot 都能提供即時的建議和修改意見，使我們的簡報更加生動且富有說服力。這對於需要頻繁製作簡報的專業人士來說，無疑是一大福音。

　　在 Outlook 中，Copilot 的效用更是顯而易見。作為虛擬助手，它能幫助我們快速處理大量的電子郵件，無需頻繁切換到其他應用程式。例如，對於每天需要處理數十封郵件的行政助理來說，過去回覆一封郵件可能需要 5 分鐘，而

有了 Copilot 後，僅需 30 秒就能完成回覆。這意味著每封郵件可以節省 4 分鐘以上的時間，每天處理 10 封郵件就能節省超過 40 分鐘。這種時間上的巨大節省，讓我們可以將更多精力投入到更具價值的工作中。

此外，Copilot 還能夠根據我們的個人資料，如電子郵件、行事曆、Word 文件和 PowerPoint 簡報等，提供客製化的回覆建議和信息搜索功能。例如，當我們需要查找某個項目的截止日期時，Copilot 可以快速搜尋不同文件夾內的相關文件，並給出準確的答案，同時列出這些答案的來源文件。這種即時且準確的回應，不僅提高了我們的工作效率，還展現了我們對信息的掌控能力和專業性。

在職場品牌的發展過程中，Consistency（一致性）是建立品牌信任的基石。這不僅包括視覺識別的一致性，還包括行為表現的一致性。Copilot 在這方面也能提供極大的幫助。例如，當我們需要在簡報中更換照片時，Copilot 可以從資料庫中搜尋相關的圖片，確保簡報的整體風格和主題的一致性。這種細節上的一致性，能夠大大提升我們在職場中的專業形象和品牌信任度。

個人品牌不僅僅是對外展現的形象和信譽，更是一種使我們在市場上獨樹一幟的方式。特別是在專業知識的展示上，我們需要在自己的專業領域內積累深厚的知識，這包括行業動態、產品知識及市場趨勢等。Copilot 能幫助我們快速獲取和整理這些信息，使我們能夠在與客戶和同事的溝通中展現出深厚的專業知識和獨特的見解。

有效的書面溝通能力對於資源的整合和合作機會的創造至關重要。Copilot 在這方面的表現尤為出色，它能幫助我們撰寫和修改各種書面文件，確保內容的專業性和一致性。例如，當我們需要撰寫一份會議記錄時，Copilot 能夠快速生成會議總結，甚至可以在我們遲到時，提供前幾分鐘會議的重點內容，使我們不會錯過重要的信息。

Microsoft 365 Copilot 是發展職場品牌的強大工具。通過在 Word、Excel、PowerPoint、Outlook 和 Teams 等多個應用程式中的綜合運用，Copilot 能夠幫

助我們在各種情境下快速高效地完成任務，節省大量時間，並展現出我們的專業能力。無論是撰寫專業報告、設計簡報、進行數據分析，還是快速回覆電子郵件，Copilot 都能提供有力的支持，使我們在職場中脫穎而出，發展出獨具特色的職場品牌。

因此，利用 Copilot 不僅能提升我們的工作效率，更能增強我們在職場中的專業形象和影響力。這種結合高效性和專業度的數位工具，無疑是現代職場專業人士不可或缺的助手。讓我們充分發揮 Copilot 的潛力，打造出卓越的職場品牌，邁向更成功的職業生涯。

現在很夯的個人品牌概念時常用於創業，在組織內工作則要有職場品牌，而 Copilot 則是在報告上能呈現專業度與頻繁度，特別是各種報告呈現的精準行銷。

以品牌形象的一致性來說，從視覺識別到線上、實體的行為表現，一致性是建立品牌信任的基石。這也是數位行銷的運用，利用頻繁的書面文件往來展現專業，而書面工具也是內容行銷來提升個人在職場的能見度和影響力。

個人品牌不僅是對外展現的形象和信譽，更是一種使創業者在市場上獨樹一幟的方式。特別是專業知識的展示上，創業者需要在其專業領域內積累深厚的知識，這包括行業動態、產品知識及市場趨勢等。

再來是與客戶和組織內部的溝通與人際關係維繫，這有賴於有效的書面溝通能力，這對於資源的整合、合作機會的創造至關重要。

組織內的職場品牌涉及到個人在職場中的形象和職業生涯發展，包括 Microsoft 365 Copilot 的應用，在報告的撰寫與呈現方面，Microsoft 365 Copilot 提供了強大的支持，使得專業度與頻繁度得到大幅提升。這主要表現在數據分析與處理 Copilot 可以快速處理大量數據，提供數據分析和可視化，使報告更加精確和有說服力。通過自然語言處理技術，Copilot 能夠生成高品質的文本內容，並對報告的語言和結構進行優化。更重要的是時間效率的大幅提升，奇

自動化的報告功能節省了大量手動操作的時間，使得報告的準備更加迅速和頻繁。

也就是說，這是一套組合拳，以長期經營個人品牌的角度來看，以真正具備專業解決問題為前提，我們用頻繁地報告展示在辦公室建立職場聲譽，綜合運用 Word、Outlook、PowerPoint，把重點摘要轉換成 email 內容，其使用情境在於「節省至少 50％」的時間，獲取人們的信任，逃離現在的辦公室做好準備。

總結來說，職場品牌的發展對於個人職業生涯的成功至關重要。通過運用 Microsoft Office 軟體，特別是像 Copilot 這樣的智慧助手，我們可以大幅提升工作效率，展示專業能力，增強信任和可靠性，並展示我們的創新和適應能力。這些都將有助於我們建立強大的職場品牌，從而在競爭激烈的職場中脫穎而出。

| 應用軟體 | 功能 |
| --- | --- |
| Word | 撰寫草稿、總結整份文件、協助修改語調、引用相關資料、給予修改意見 |
| PowerPoint | 撰寫草稿、設計排版建議、整份文件總結重點、資料視覺化、給予修改意見 |
| Excel | 數據分析、新增報表、公式、預測模型 |
| Outlook | 寫信、教練、回信 |
| Teams | 會議總結、遲到 10 分鐘才參加會議，可以問前 10 分鐘會議重點，會議結束直接產生會議記錄 |

# 3. 初識 Microsoft Copilot

## 3.1 基本介面與功能

這邊介紹工作要寫報告常用的 Word、PowerPoint、Outlook，使用介面大同小異。

Word 分成進入主畫面時，會有「草稿模式」與「文件編輯模式」兩種。

### 3.1.1 Word 草稿模式

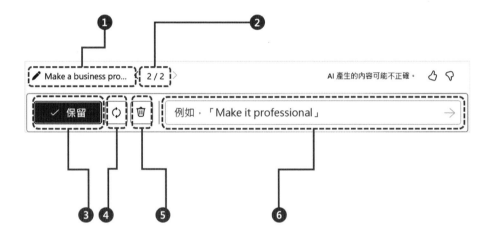

這個視窗要注意的是，一旦把滑鼠按到文件編輯頁面，該動作會讓視窗會默認我們認可當前草稿，跟按下藍色「保留」按鍵效果相同，因此使用上需注意。

1、編輯提示

2、草稿選項

3、保留鍵

4、重新生成

5、垃圾桶

6、修正提示欄位

## 3.1.2 Word 文件編輯模式

　　一旦選擇「保留」，文件內容即從草稿模式轉變為「完整文件」模式，必須在右側視窗進行編輯。

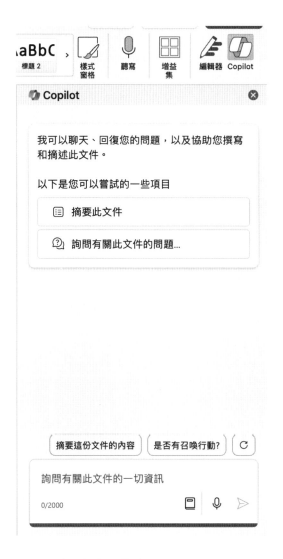

　　要知道的一件事是，Copilot 右側視窗的內容不會保存，所以 Copilot 無法在那裡查看之前的互動。

## 3.2 Word 基本操作

Copilot 是位聰明的助手，我們如何用 Copilot 生出一段草稿？

點選左鍵，在輸入欄位會看到一個 Copilot 圖示

選取圖示或按 ⌘+\ 以使用 Copilot 撰寫草稿↵

滑鼠移動到該 logo，會呈現出彩色樣貌

點選彩色 logo，會跳出一個「編寫草稿視窗」

在「編寫草稿視窗」的內容輸入處，會有一段文字提示「描述我們要描寫的內容，包括紀事或大綱，Copilot 可以產生草稿以協助我們開始」，可以從此鍵入需要打的企劃草稿。

我們以賣咖啡到歐洲的商業提案為例。鍵入「幫我寫一份關於賣咖啡到歐洲的企劃提案」後，按下 Enter 健。

這時「編寫草稿視窗」會出現「將項目匯編在一起……」的提示文字。

匯編完成後，1 至 3 分鐘內產生數頁的文稿草稿。

咖啡進入歐洲市場的企劃書

一、背景與目標
我們是一家專業生產和銷售高品質咖啡豆的公司，成立於 2010 年，目前在台灣和日本有穩定的客戶群。我們的咖啡豆採用精心挑選的阿拉比卡種，經過嚴格的品管和烘焙工藝，保留了原豆的風味和香氣，深受消費者的喜愛。
近年來，歐洲作為全球最大的咖啡市場之一，呈現出持續增長的趨勢，尤其是對於高端咖啡產品的需求。根據歐盟統計局的數據，2019 年歐洲咖啡市場的規模為 276 億歐元，預計 2025 年將達到 321 億歐元，年複合成長率為 2.5%。在各個國家中，德國、英國、法國、義大利和西班牙是最大的消費國，佔據了市場的 70%。
基於以上的市場分析，我們認為咖啡是一個具有潛力和競爭力的產品，值得我們進入歐洲市場。我們的目標是在未來三年內，建立起我們的品牌知名度和信譽，並在歐洲市場取得至少 5% 的市佔率。

二、策略和行動方案
為了達成我們的目標，我們提出了以下的策略和行動方案：
首先，我們將針對歐洲市場的特性和需求，開發出適合不同>消費者口味的咖啡產品。我們將根據不同國家的咖啡文化和喜好，調整我們的烘焙度和風味，並提供不同的包裝和規格，以滿足不同的需求。例如，德國消費者偏好深度烘焙的濃郁咖啡，而法國消費者則喜歡中度烘焙的芳香咖啡。
其次，我們將透過多元的渠道和方式，推廣我們的品牌和產品，我們將利用網路、社群媒體、線上平台等數位行銷工具，提升我們的曝光度和互動性，並吸引更多的目標客戶。此外，我們也將參與各種咖啡相關的展覽、活動和競賽，與業界人士和消費者建立聯繫和信任，並展示我們的專業和品質。
最後，我們將建立一個有效的物流和配送系統，確保我們的產品能夠快速和安全地運送到歐洲各地。我們將與當地的合作夥伴，如批發商、代理商、零售商等建立長期的合作關係，並提供他們優惠的價格和服務，以促進我們的銷售和分銷。我們也將注重客戶服務和售後支援，並收集客戶的反饋和建議，以改善我們的產品和服務。

三、預期成果和風險評估
如果我們能夠成功執行我們的策略和行動方案，我們預期在未來三年內，能夠達成以下的成果：
● 在歐洲市場建立我們的品牌形象和聲響，並獲得消費者的認可和信賴。
● 在歐洲市場的主要消費國，如德國、英國、法國、義大利和西班牙，建立穩定的銷售和分銷網路，並與當地的合作夥伴建立良好的關係。
● 在歐洲市場的高端咖啡產品市場，取得至少 5% 的市佔率，並創出可觀

的營收和利潤。
然而，我們也必須面對一些可能的風險和挑戰，例如：
● 歐洲市場的競爭激烈，我們需要與許多已經建立的品牌和產品競爭，並爭取消費者的偏好和忠誠度。
● 歐洲市場的規範和法規可能不同於我們熟悉的市場，我們需要遵守當地的標準和規定，並避免任何可能的違規和罰款。
● 歐洲市場的消費者需求和行為可能會隨著時間和環境的變化而變化，我們需要持續關注市場的動態和趨勢，並適時調整我們的產品和服務。
為了減少和應對這些風險和挑戰，我們將採取以下的措施：
● 進行深入的市場調查和分析，了解歐洲市場的競爭環境和消費者需求，並制定出有針對性和差異化的市場策略。
● 聘請當地的專業人士和顧問，協助我們處理法律、稅務、會計等方面的事務，並遵守當地的規範和法規。
● 建立有效的溝通和回饋機制，與我們的合作夥伴和客戶保持良好的聯繫和互動，並根據他們的意見和建議，改進我們的產品和服務。

當然，以上草稿是還不能用的，我們必須做細部的編輯。

例如，對以下內容不滿意，我們可以反白全選，在左側會出現黑白 logo 。

一、背景與目標
我們是一家專業生產和銷售高品質咖啡豆的公司，成立於 2010 年，目前在台灣和日本有穩定的客戶群。我們的咖啡豆採用精心挑選的阿拉比卡種，經過嚴格的品管和烘焙工藝，保留了原豆的風味和香氣，深受消費者的喜愛。
近年來，歐洲作為全球最大的咖啡市場之一，呈現出持續增長的趨勢，尤其是對於高端咖啡產品的需求。根據歐盟統計局的數據，2019 年歐洲咖啡市場的規模為 276 億歐元，預計 2025 年將達到 321 億歐元，年複合成長率為 2.5%。在各個國家中，德國、英國、法國、義大利和西班牙是最大的消費國，佔據了市場的 70%。

點選 logo ，滑鼠移動到該圖示會呈現彩色樣貌 。

點選彩色 logo，會開啟一個下拉式選單，我們選取「使用 Copilot 重寫」。

### 一、背景與目標↵

我們是一家專業生產和銷售高品質咖啡豆的公司，成立於 2010 年，目前在台灣和日本有穩定的客戶群。我們的咖啡豆採用精心挑選的阿拉比卡種，經過嚴格的品管和烘焙工藝，保留了原豆的風味和香氣，深受消費者的喜愛。↵

近年來，歐洲作為全球最大的咖啡市場之一，呈現出持續增長的趨勢，尤其是對於高端咖啡產品的需求。根據歐盟統計局的數據，2019 年歐洲咖啡市場的規模為 276 億歐元，預計 2025 年將達到 321 億歐元，年複合成長率為 2.5%。在各個國家中，德國、英國、法國、義大利和西班牙是最大的消費國，佔據了市場的 70%。↵

使用 Copilot 重寫
視覺化為資料表
iPad (3)
拍照
掃描文件
加入塗鴉
服務                >

場分析，我們認為咖啡是一個具有潛力和競爭力的產品，值得我
場。我們的目標是在未來三年內，建立起我們的品牌知名度和信
市場取得至少 5% 的市佔率。↵

動方案↵

為了達成我們的目標，我們提出了以下的策略和行動方案：↵

## 3.3 PowerPoint 基本操作

假設我們想做份提案。

點選最右側的 Copilot 按鈕 ，叫出右側欄位對話框。

右側欄位鍵入我們需要的指令，即產出簡報，也可以下指令加上簡報。

　　至於在特定投影片上加上文字，無論中文還是英文版，個人家用版目前無法使用，僅會在右側欄位有提示。

開另外一個全新檔案，用英文編輯也無法。

置換圖片則沒有問題。

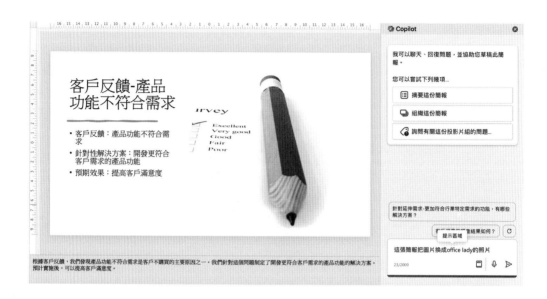

　　Copilot 僅會在原有簡報上加上新圖片，持續編輯可以使用「常用」>「設計工具」 ⌐。

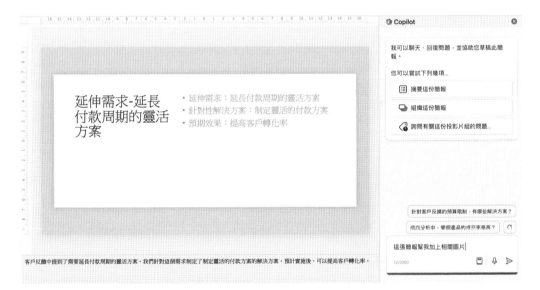

　　分散在不同頁的資訊可以彙整，例如詢問截止日期，總結 summarize，並針對該頁的簡報詢問更多相關案例，也可以重新組織簡報，這會加上許多簡報頁。

## 3.4 Outlook 基本操作

最右邊的「傳統功能區」

訊息的 Copilot 圖示，下拉出「使用 Copilot 撰寫草稿」

### 24年5月24日咖啡銷售會議參加告知

 **Copilot 提供的摘要** ✕

 李承殷
收件者: 您

週四 2024/5/23 上午 10:02

您好：

請問您方便參加會議嗎？有John、Sally會參加，要討論上次聊到台灣咖啡賣到歐洲的事情，明天（5月24日）下午3點在平常開會的咖啡店

↩ 回覆　　↪ 轉寄

### 24年5月24日咖啡銷售會議參加告知

 **Copilot 提供的摘要** ✕

您收到一封來自**李承殷**的電子郵件，詢問您是否方便參加明天（5月24日）下午3點在平常開會的咖啡店舉行的咖啡銷售會議。

會議的參加者還包括John和Sally。

會議的主題是討論上次聊到的台灣咖啡賣到歐洲的事情。

AI 產生的內容可能不正確。

正在建立草稿... ✕

LC 收件者: 李承殷

< 2/2 > 讓內容聽起來更正式　　　　　ⓘ AI 產生的內容可能不正確。 👍 👎

| 讓內容再長一點 |
| 讓內容再短一點 |
| 讓內容聽起來更正式 |
| 讓內容聽起來更直接 |
| 讓內容聽起來隨意一點 |
| 讓內容變成一首詩 |

感的通知您，因故我無法出席明天的咖啡銷售會議。我祝願您們的會議成功，
我能協助的事項。再次感謝您的體諒。

有任何您想要變更的項目嗎？　　　　　　　　　　→

下一個項目

< 1/4 > 不想去　　　　　　　ⓘ AI 產生的內容可能不正確。 👍 👎

下一個項目

感謝您的邀請，很抱歉的告訴您，我無法參加明天的咖啡銷售會議。希望您們的會議順利，若有需要我幫忙
的地方，請隨時告訴我。謝謝您的理解。

< 4/4 > 讓內容再長一點　　　　　　ⓘ AI 產生的內容可能不正確。 👍 👎

親愛的李承殷，您好。我很高興收到了您關於明天咖啡銷售會議的邀請，我真的很感激您對我的關注和尊
重。遺憾的是，我必須向您道歉，因為由於一些突發的事故，我無法出席這次的會議。這對我來說是很不幸
的，因為我很想親自參與您們的討論和建議，並且和您們一起分享我的想法和經驗。我相信您們的會議一定
會非常成功，並且達到預期的目標。如果您覺得我可以做些什麼來支持您們的工作，請不要猶豫，隨時與我
聯繫。我將盡我所能來協助您，並且為您們的成就感到驕傲。再次感謝您的體諒，並祝您有美好的一天。

## 讓內容再長一點

## 用教練模式

這邊特別寫錯字，刻意語意不詳「台灣市場在歐洲市場」的語句

**24年5月24日咖啡銷售會議參加告知**

📧 **Copilot 提供的摘要** ✕

(LC) 收件者: 李承殷 ↗

✨ 在開會之前,我想知道台灣市場在... ⓘ AI 產生的內容可能不正確。 👍 👎

> 感謝您的邀請,我明天下午3點會準時出席會議。在開會之前,我想詢問您是否有台灣咖啡在歐洲市場的需求調查數據,這樣我們才能更好地進行討論。如果您手中有市場調查資料,請提前分享給我,讓我可以先好好思考。期待明天與您和John、Sally一起討論。

用教練模式寫一封牛頭不對馬嘴的信「希望這封信件能讓您一切安好。我想花點時間來處理幾個重要事項和即將到來的計劃。

我很期待與 John 的壽司午餐。我們可以確認一下日期和時間嗎?我建議在平時我們時常聚會的那間餐廳,在下週一中午見面。不知大家是否方便,請告知。

我們計劃與 Sally 一起去沖繩度假。能否確認我們的行程和出發日期?此外,請提供一些關於我們住宿安排的建議或意見。關於之前會議中討論的市場調查資料,我已經整理了一些重要的發現和數據。我將在附件中附上詳細報告,請查閱。如果有任何問題或需要進一步討論的地方,請隨時聯繫我。我已經草擬了一份出書企劃給出版社。這本書的目標是提供有關如何使用 Microsoft Copilot Pro 寫報告的 100 個常見問題和解答。附件中包含了企劃書的詳細內容,請過目並提供您的寶貴意見。我們目前考慮去醫院進行檢查,並已經初步預約了下週的時間。請確認這個安排是否合適,或者提供其他建議。」

## Copilot 可以優化得更精簡明確

> ✨ 希望這封信件能讓您一切安好。我...　　　　ⓘ AI 產生的內容可能不正確。　👍 👎
>
> 感謝您的信件。我們期待與John的壽司午餐，建議於下週一中午在常去的餐廳相見，請確認是否方便。此外，請提供您對於我們與Sally一起去沖繩度假的看法，並確認行程和出發日期。我已經整理了一份市場調查資料發現和數據的報告，並在附件中附上。最後，請確認我們下週初步預約的醫院檢查時間是否合適，或提供其他建議。
>
> ⚞ 有任何您想要變更的項目嗎？　　　　　　　　　　　　　　　　　→

有趣的是，誰會想把 email 寫成一首詩呢？

> 讓內容再長一點
>
> 讓內容再短一點
>
> 讓內容聽起來更正式
>
> 讓內容聽起來更直接
>
> 讓內容聽起來隨意一點
>
> 讓內容變成一首詩

⚞ 有任何您想要變更的項目嗎？

# 4. 辦公室報告撰寫原則

## 4.1 什麼是報告

### 4.1.1 報告 = 辦公室內的自媒體

對長官和客戶們寫報告超煩的,為什麼工作要有這個看似很雞肋的報告?直接把工作做好不是比較重要嗎?這樣講是對的,但也不對。

報告,其實是一種在「辦公室內的自媒體」。

報告表面上的意義僅是信息傳遞的橋梁而已。的確,報告最基本的功能是信息傳遞。無論是業務報告、項目進度報告還是市場分析報告,都是為了將具體的數據和資訊清晰地傳達給相關人員。然而,報告的意義遠不止於此。在傳遞信息的同時,報告也是一個展示個人能力的平台。

透過報告,員工可以展示自己的專業知識和分析能力。無論是數據的整理與分析,還是對市場趨勢的洞察,都可以在報告中一覽無遺。這些內容不僅能夠證明員工的專業素養,還能夠讓上級和同事對其刮目相看。

精心撰寫的報告可以提升員工在公司內的影響力。當報告中的建議被採納並產生積極效果時,撰寫者的聲譽也會隨之提升。這種正向反饋不僅能夠增加員工的自信,還能夠促進其職業發展。

撰寫報告的第一步是明確報告的目的和受眾。不同的受眾有不同的信息需求和閱讀習慣,因此報告的內容和形式需要根據受眾的特點進行調整。比如,向高層領導匯報時,需要強調結論和建議;而向技術團隊匯報時,則需要詳細描述技術細節和數據分析。

報告這件事看似很平常,仔細說來學問也很多,根據要給誰看,目的要什麼。

給誰看:彙整目前看到的一切讓主管、老闆知道,然後呢?是為了什麼?這就牽涉到報告的目的了。

報告的目的：達成我們希望的事情。經由彙整現在的工作進度，知道我們目前的成果外，更重要的是「帶風向」！

帶什麼風向？對我們有利的風向，這就是跟 AI 協作寫報告最重要的地方。

以前沒有 AI ，我們報告只能孤獨地寫，甚至得取消約會，挑燈夜戰。

現在有了 AI，以及這本書中介紹的 Microsoft 365 Copilot，有著 ChatGPT 強大的語言模型做後盾，可直接編輯你 Word、PowerPoint、Excel 等資料，讓你順利帶風向。

什麼是風向。我們先來看一段報告摘要：

「這份文件旨在將我們公司的咖啡業務擴展到歐洲市場，重點推廣其獨特的咖啡產品，該產品來源於自由貿易和道德農耕。這種產品有潛力吸引大量並且持續增長的歐洲咖啡消費者，這些消費者正在尋找高品質、可持續和具社會責任感的咖啡選擇。」

聽起來就是 ok，但覺得甘我什麼事？滿無聊的，報告的精妙之處就是讓人一眼入魂，覺得想讀下去你到底有什麼新花招，更重要的是「跟我有什麼關係」。

那麼改成：

「依據市場調查，我們的兩位競爭者預計下週就會進入德國、法國與義大利。時間至關重要！這份文件提案是將我們的咖啡業務立刻擴展到歐洲市場。

我們獨特的咖啡產品，來源於自由貿易和道德農耕，有潛力吸引大量並且持續增長的歐洲咖啡消費者，這些消費者需求高品質、可持續和具社會責任感的咖啡選擇。我們必須現在就行動，抓住這個機會，在歐洲市場確立我們作為領導者的地位。」

當然，沒有所謂完美的報告，報告根據天時、地利、人和都是在滾動式修正的，然而資料彙整上簡單易懂、詞語上除了吸引眼球（不是跨大不實）外，最終目的就是要影響讀我們報告的人，達成我們想要的目的。

報告，不一定是 Word，就連在 Line 群組內發佈一般每日工作內容，這都是報告，不只是印象問題，跟我們是否能增加收入，增長對他人的影響力都至關重要。很可能我們的下一份好工作就是這麼幾句話來的。

前面我們提過，報告是辦公室內的自媒體。可是辦公室對社畜來說是監獄一般存在，要在監獄活到逃獄，就必須玩點職場 PUA。

## 4.1.2 報告是影響他人行為的文件

講白一點，工作中產生的報告，其實是「**我們對上層人士的 PUA**」。不要以為 PUA 只能上對下，報告一直在發揮下對上的作用，說是向上管理的藝術也不為過。

如果你看過古裝劇就知道，以前官員們在皇帝面前進讒言，很多時候不是口頭講的，都是寫奏折來的。

奏折就是古代的報告，我們現在的報告跟古人的奏折一模一樣，只差不是用毛筆寫在宣紙上。報告在職場上就是這麼暗黑。報告不是只有向上報告事情，最終目的是要達成我們的期望，讓對方做我們希望發生的事情，很可能是加薪、把我們調到其他的部門。

達成我們升官加薪，甚至跳槽，自己跳出去開公司接案的門票。絕對不是單純把老闆、主管、客戶當成監督我們的人這麼簡單。

再說一次，寫報告就是「**對老闆、主管、客戶的 PUA**」，做生意信任真誠待人沒錯，但商場跟戰場沒兩樣，我們在合乎法規下用手段達成我們希望的事情。不要覺得很邪惡，老闆每天 PUA 我們都奴得跟什麼一樣，我們就得用報告 PUA 出我們的未來。

　　孔子都說「以直報怨」，賽局理論家納許提出的納許均衡跟我們用理性完美的展示了，別人對我們不好，我們就不要對他好；別人對我們好，我們就對他好，這就是數學之美。

　　報告，最基本的格式就是日報，但日報的形式比較偏向 Line 的群組報告。以正式文書 Word 呈現的方式最常見的是週報、年度報告總結。

## 4.1.3　報告構成的三要素

　　依據李忠秋《怎樣寫好一份工作總結？》的說法，我們要先了解報告是哪些東西組成的，就三樣：

　　一、成果

　　二、時程檢核點

　　三、具體作法提案

　　看了這三個，你應該會疑惑，不是應該要「報告」發生了什麼事嗎？

　　沒錯，市場調查，可能是競爭對手已經佔據了其他市場份額，這些會在報告呈現，但會跟「成果」本身掛勾。

　　也就是說，一般人都會平鋪直述的描述，在報告中意義不大，因為報告的目的對雙來說：

　　對老闆、主管、客戶本身：知道我們目前的做事「成果」，知道這件事有幾種解決方法，他從中挑一種。達成我們想要的事情，讓他們核准或是做出符合我們期待的行動。

　　也就是說，我們真正做出哪些成果才是重點，市場分析都算是成果的補充，不是說不重要，但報告就是要展現成果，才有辦法之後「帶風向」。

### 4.1.4 報告是成果導向

例如：

一、「這週已經拜訪 3 位客戶」

二、「這週已經拿到 3 位客戶的訂單，已收訂金；且 3 位客戶都引薦了 1 位新客戶，預計下週拜訪」

一定是「二」讀起來最吸引人。

報告，一切以成果優先。

再來是時程檢核點，我們在擔任 PM 專案管理或產品經理的人，每天、每週、每個月、按照各別時間推進步驟，要針對利害關係人知道進度在哪裡，工作總結就是這方面的簡短報告。

專案型工作的工作總結，一定有時程檢核點。所謂的「時程檢核點」（Schedule Checkpoints 或 Milestones）指的是專案時程中的重要階段或時間點。這些檢核點用來評估專案進度是否符合預定計劃，並確保各階段的工作能按時完成。通常，這些檢核點會事先在專案計劃中定義好，作為衡量專案是否按照時程推進的關鍵指標。

### 4.1.5 報告對象

過往工作進行交代，分為兩個對象：

一、對自己

二、對利害關係人，特別是主管、老闆與出錢的人（可能是投資人或捐款者）

工作總結，並非交代工作的動作，絕對不是工作內容的堆砌，僅讓讀報告的人認為自己就算沒有功勞，也有苦勞

工作總結以 50 年的職業生涯來看，不是為了寫而寫，也不是利害關係人要監督，挑毛病，簡單地說人家想知道你做出了什麼具體成果，而不是僅僅「做」了什麼。

## 4.1.6　工作總結 =input, process, output 什麼

李忠秋強調，不少人做了哪些事情的流水帳，是陷入了低水平勤奮的誤區，一切都以成果為導向，而非已經做的動作，用成果分類來梳理成果。如同《高效能人士的七個習慣》書中說的，以終為始，任何事情緊盯目標。

跟老闆、主管、客戶展示自己的工作成果，所有的字句都環繞著我們的成果。那麼該怎麼梳理成果呢？我們可以透過「行動 - 成果」清單開始，就像下表是一張非常簡單的表格，可是寫報告六成的人都會忘記這最基本的原則：

| 行動 | 成果 |
|---|---|
|  |  |

行動對應著成果。當我們對自己的工作陳述時，在左邊行動欄位中直接填入做了什麼，在右邊的成果欄位貼入成果。

## 4.1.7　報告的優先順序

至於優先順序呢？其實相近的事情就容易分類。人能一次性接受的量不超過 7，也就是說，列點超過 7 個人的注意力就會渙散，7 是明顯的臨界點，能濃縮成 3 點最好，5 點還可以。

為什麼是 3 呢？因為 3 好記，如果跟客戶說我們的產品有 15 項優勢，客戶一聽就傻眼了。

如果改成説「這個問題能從 3 個層面去談」，那就好辦多了。只説兩點給人不太可靠的感覺，心理上會覺得三點比較可信。

至於要分成三點，就得看分類的功力。這就得説到兩種分類方式：封閉式分類、開放式分類兩種。

## 4.1.8 報告的分類

封閉式分類：用別人的框架，例如 5W3H、ASK、馬斯洛金字塔需求。

開放式分類：自己建構的分類。

無論用什麼分類，都脱離不了《金字塔原理》説的 MECE 原則。MECE 原則，全名為「Mutually Exclusive, Collectively Exhaustive」，全名為「相互獨立，完全窮盡」，這一原則常用於管理顧問和策略分析中，旨在幫助分析師和決策者確保在進行問題分析時，所考慮的因素既不重疊也不遺漏。

## 4.1.9 報告的邏輯編排

引用改寫自李忠秋《怎樣寫好一份工作總結？》的案例説明，假設老闆交代我們一個任務，要聘僱一位工廠的行政助理，具備英文多益 800 分以上、又有國際觀，具備該行業工廠流水線的基本知識、願意配合加班的人，職缺薪資僅有新台幣 3 萬 5。我們被要求要制定一個中長期的人才規劃，吸引並留住這些優秀人才，條件這麼爛，這時候該怎麼辦？

### 4.1.9.1 背景了解

了解為什麼要開這樣的職缺，條件是基於何種理由而設計的

調查該職缺離職率高的原因分析，並用各種管道訪談離職員工的真正原因

針對該行業的英文能力提升，提出了訓練方案

3 萬 5 的薪資收入，在業界大概能做哪些事

了解公司對提升薪水的承受能力

由於少子化面臨的缺工可能性，建立「雇主品牌」這件事的可能性

報告的時候，可以有三種報告法：

## 4.1.9.2 動作時間順序

作法一

我通過三個步驟來處理該問題

問題一、對問題做出了基本認知，其根本原因為 ......

問題二、對英文程度有一定要求，在職場設計輔助方案

問題三、針對「雇主品牌」，從機制設計上著手

## 4.1.9.3 大問題拆解法

作法二

針對問題的三個方面分析

問題一、聘僱難度大，解法為 ......

問題二、現有員工任職該植物能力有加強的空間，解法為 ......

問題三、該職缺流動率高，解法為 ......

## 4.1.9.4 優先次序法

作法三

首先，招募二至三位接近合格的人

其次，承擔一定的工作職務

第三，再花時間解決後續的問題

針對作法一、二、三，陳述的邏輯分別為

作法一：動作的時間順序

按照時間，第一天做什麼，第二天做什麼，第三天做什麼，這很好理解

作法二：把大問題拆成小問題，每個問題分別擊破

這可分成實體和抽象二種

實體的，就像在描述身體時，我們會從頭、手、腳，由上而下的順序；或是地圖打開來，從東西南北解釋空間順序

抽象的，像是前述案例，分別為聘僱問題、員工能力及人才流動率問題，這其實就是 MECE 在講的封閉式分類，引用人力資源的「選才、訓才、育才、用才、留才、考才」（資料來源：https://ttqs.wda.gov.tw/EBooks_Files/menu_008_03_001_0.pdf） 屬於行業通用的分類結構。

作法三：針對事情依照緊急程度做順序排列

至於要用什麼作法進行報告，就有賴於主管、老闆、客戶在乎的層面而定。最後總結成果，報告一定要有結論，特別是指出下一步的具體動作方向

報告封面只說「2024 年的人力資源部統計報告」這就沒有一眼就看出結論，就不是報告，報告一定要有明確的結論。

就算沒有結論，直接點出問題「讓主管、老闆裁決做決定」，這個動作本身也是一種結論。把工作項目做好分類，排序，找到共同點，給出結論

比如要彙報三件事情：

跟老客戶保持聯繫

讓老客戶來體驗新產品

鼓勵客戶把產品使用心得分享出去

這三個動作的共同點在於，先抓關鍵字「客戶」、「產品」，客戶特別指涉「老客戶」，也就是說，針對老客戶做二次銷售。一份符合我們職業生涯目的的報告會具有清晰的結構和邏輯。

## 4.1.10 報告具備影響他人行為的特徵

報告的語言應該簡潔明瞭，避免使用冗長的句子和複雜的詞彙。簡潔的語言不僅能夠提高報告的可讀性，還能夠增強其說服力。在撰寫報告時，應該選擇簡單的詞語和短句，並使用主動語態，使報告更加生動有力。

撰寫報告是一個持續學習和改進的過程。在報告完成後，應該積極尋求上級和同事的反饋，了解報告的不足之處並加以改進。透過不斷的反饋和改進，員工可以逐漸提高報告的質量和效果。

一份優秀的報告可以幫助員工樹立專業形象。當員工在報告中展示出對專業知識的深入理解和對問題的透徹分析時，其專業形象也會隨之提升。這種專業形象不僅有助於員工在公司內獲得更多的發展機會，還能夠增強其在行業內的競爭力。

報告的撰寫過程也是一個提升溝通能力的過程。在撰寫報告時，員工需要將複雜的數據和信息轉化為簡潔明瞭的文字，並使用圖表和圖示輔助說明。這種能力對於提升員工的書面溝通能力和口頭表達能力都有很大幫助。

現在一堆人在談個人品牌。我們還在待在辦公室的時候還屬於職場品牌。報告是員工展示個人品牌的一個重要途徑。透過報告，員工可以展示自己的專業能力和工作成果，並在公司內樹立良好的個人品牌形象。當員工的報告被上級和同事認可和讚賞時，其個人品牌價值也會隨之提升，品牌名聲是會傳出公司外的，是往外發展的關鍵。

以擴大人脈圈這個角度來看，優秀的報告可以幫助員工擴大人脈圈。在公司內部，報告是與上級和同事交流的重要工具。透過報告，員工可以展示自己的工作成果和專業能力，從而吸引更多的注意和支持。此外，在公司外部，報告也是展示個人專業能力的重要手段，可以幫助員工在行業內建立更多的聯繫。

報告的撰寫和呈現對於員工的職業發展有著重要影響。透過優秀的報告，員工可以獲得更多的曝光機會，並在公司內獲得更多的發展機會。當員工的報告被上級認可和重視時，其職業發展也會隨之加速。

## 4.2 報告就在經營自媒體

報告不僅是信息傳遞的工具，更是一種自媒體的形式。

寫報告這件事，不只對組織內精準表達，也是副業，未來成為自營商的準備。

副業和生意，不少都是透過日報、週報的形式讓人看到你，文字會轉成口碑，人家知道你。

日後非典型就業會越來越普遍，正職員工缺越來越少，相反地，以專案型打怪的臨時型組隊會越來越多。

這時候各種的日報、週報就很重要，特別是遠距工作，工作技能可以練，但怎麼用文字溝通做不好，什麼機會也沒有。還在上班時，個人品牌從職場品牌延伸出來，最基本的方法就是留下報告。

對自己而言，寫好報告也是一種提升職場競爭力和發展副業的方法。透過報告，你可以建立你的個人品牌，讓更多人認識你的專業和特色，並增加你的信任和影響力。

　　當你有了一定的名聲和口碑，你就可以利用你的報告來吸引更多的客戶和合作夥伴，開展你的副業或自營商。例如，你可以將你的報告轉化為文章、書籍、課程、演講或諮詢等產品或服務，為自己帶來額外的收入和機會。

　　因此，不要小看報告這件事，它可能是你未來成為自由工作者或企業家的一大助力。寫好報告，就是在為自己打造一個強大的個人資產，讓你能在職場和市場上更有話語權和主動權。

## 4.3 辦公室報告以「週報」為核心

　　對想方設法逃出辦公室的社畜而言，週報是一種自我反思和學習的工具，也是能有效跟公司對答案，對外保持市場敏銳度的自媒體表現方式。可以幫助你檢視你的工作成果、問題和挑戰，並制定改善的計畫。依據羅硯在《職場寫作公開課》的思維來講，透過週報，你也可以展現你的工作能力和貢獻，讓其他人了解你的工作內容和價值。

　　對主管而言，週報是一種管理和指導的工具，可以幫助你掌握你的團隊的工作進度和狀況，並及時提供回饋和支持。透過週報，你也可以評估你的團隊的績效和效率，並給予認可和獎勵。

　　對老闆而言，週報是一種監督和決策的工具，可以幫助你瞭解你的組織的整體表現和趨勢，並發現機會和風險。透過週報，你也可以傳遞你的願景和策略，並確保各個部門的目標和行動一致。

　　對客戶而言，週報是一種溝通和信任的工具，可以幫助你向客戶報告你的服務或產品的交付情況和成果，並解決客戶的疑問和需求。透過週報，你也可以增強客戶的滿意度和忠誠度，並建立長期的合作關係。

　　報告，讓人對你印象深刻的會是思考決策、還有視野情報，後兩者能成為自己的資料庫，俗稱第二大腦。優秀的每週報告是把主管、老闆當私人家教，讓他們既付給你薪水，又讓你快速成長，施加對他們的影響力，希望朝著你期

望的方向動作

報告要「精準表達」，就是要讓讀者清楚了解你的目的、方法、結果和建議，不要有模糊或錯誤的訊息。怎麼精準表達的具體步驟與思考流程如下：

先確認報告的主題和目標，也就是你要傳遞什麼訊息，以及你希望讀者採取什麼行動。例如，你的報告主題是「公司內部溝通現況分析與改善建議」，那你的目標可能是要讓老闆了解目前員工間的溝通問題，並採納你的建議來提升溝通效率和團隊氣氛。

根據報告的主題和目標，決定報告的架構和重點，也就是你要用什麼方式和順序來組織你的訊息。一般而言，報告可以分為以下幾個部分：摘要、緒論、本文、結論和建議。每個部分應該有明確的功能和內容，例如，摘要是要簡要介紹報告的主題、目標、方法、結果和建議；緒論是要交代報告的背景、動機、範圍和限制；本文是要詳細說明你的分析過程、資料來源、統計方法、結果解釋等；結論是要歸納你的分析結果，回答你的報告目標；建議是要根據你的結論，提出可行的改進方案，並說明預期的效益和成本。

上述問題不要在腦袋想，直接寫下來，用第三人的上帝視角來看，你不會是孤獨的，有 Copilot 陪伴你，不知道怎麼彙整資料就問它。

## 4.4 為什麼我們現在待在辦公室寫報告？

我們去公司或組織上班，就是為了解決問題，報告是一種溝通方式，它的核心是圍繞著「麻煩的問題」轉的。這困擾可說是辦公室寫報告的藝術：把大問題從謎到麻煩的分解過程。

在辦公室寫報告的過程中，根據得到編輯李南南的分類法，...... 的問題可以分為三個層次：謎、疑問、和麻煩。理解並掌握這些層次，有助於更高效地完成報告，提升職場表現。

層次 1：謎

謎是指那些定義模糊、解法不確定的問題。在寫報告時，這類問題通常表現為「如何提高公司整體效率？」或「如何確保企業的可永續發展？」這些問題雖然重要，但過於抽象，很難直接入手。

層次 2：疑問

疑問相對更具體一些，它的定義稍微清晰，但解法仍不確定。例如，「如何提高團隊協作效率？」或「如何降低員工離職率？」這類問題比謎更具體，但仍需要進一步分解才能找到具體的解決方案。

層次 3：麻煩

麻煩是定義清晰、解法確定的問題。在寫報告時，這類問題通常是「如何在項目管理中使用協作工具來提高效率？」或「如何通過員工滿意度調查來降低離職率？」這些問題具體明確，且通常有可行的解決方案。

將謎分解為疑問，再將疑問分解為麻煩

在寫報告時，找到好問題的關鍵在於，將謎分解為疑問，再將疑問分解為麻煩。舉例來說，假設你需要撰寫一份關於提升客戶滿意度的報告：

謎：如何提高客戶滿意度？

疑問：如何降低極端投訴？

麻煩：如何在 30 秒內，讓一個怒氣沖沖的客戶冷靜下來並與你溝通？

通過這種分解，你可以更精確地匹配能力與問題，找到具體的解決方案。例如，在這個過程中，你會發現需要擅長安撫他人情緒的技巧，並且可以在報告中詳細說明這些技巧如何應用。

工作的實質意義在於找到別人覺得麻煩的事，而這些麻煩正好是我們自身能解決的。在撰寫報告時，我們不必一定得透過工作職位去解決問題。在無遠弗屆的網路與 AI 當助手盛行的時代，我們可以直接與問題互動，快速找到解決方案，去除公司這個中介角色。

寫報告不僅僅是完成一項任務，而是通過分解和解決問題來展示你的分析能力和解決問題的能力。透過從謎到麻煩的分解，你能更高效地撰寫報告，提升職場競爭力。

## 4.5 報告與 Office 軟體系列的關係

報告不僅能夠總結工作成果，還能提供決策支持，並在內部和外部溝通中扮演關鍵角色。隨著技術的進步，報告的製作過程也變得越來越複雜和多樣化。Microsoft Office 軟體，尤其是 Word、PowerPoint、Excel、Outlook，再加上新興的 AI Copilot，在這個過程中發揮了至關重要的作用。本文將詳細探討這些軟體在報告的 input（輸入）、process（過程）和 output（輸出）中的作用，以及它們如何相互協作以提升工作效率。

### 4.5.1 報告的 Input 過程

在報告的 input 階段，主要包括資料的收集、整理和初步分析。這個階段

是報告製作的基礎，確保所有需要的資料都能夠準確、全面地被收集和整理。

資料收集與整理：

Excel：在資料收集方面，Excel 是主要的工具之一。它能夠幫助我們有效地收集、整理和分析大量數據。無論是從內部系統導出的數據還是從外部來源獲取的資料，Excel 都能夠方便地進行數據的整理與初步分析。

Outlook：Outlook 在資料收集方面的作用也不可忽視。通過 Outlook，我們可以接收同事、上司和客戶發來的郵件，這些郵件中往往包含了重要的資料和信息。此外，Outlook 的日曆功能能夠幫助我們安排和記錄重要的會議和活動，確保不會遺漏任何關鍵資訊。

初步分析：

Excel：在初步分析階段，Excel 的數據分析功能發揮了重要作用。透過樞紐分析表、圖表和各種函數，我們可以對收集到的數據進行初步的分析和處理，找出數據中的關鍵趨勢和模式。

AI Copilot：隨著 AI 技術的發展，Copilot 的引入使得數據分析變得更加智能和高效。AI Copilot 可以幫助我們快速識別數據中的關鍵點，並自動生成初步的分析報告，節省大量的時間和精力。

## 4.5.2 報告的 Process 過程

在報告的 process 階段，主要包括報告的編寫、設計和審核。這個階段是報告製作的核心，確保報告內容的準確性和呈現效果的最佳化。

報告編寫：

Word：Word 是報告編寫的主要工具。它提供了豐富的排版功能和格式選項，能夠幫助我們將資料和分析結果有條理地呈現在報告中。Word 還提供了

拼寫和語法檢查功能，確保報告的文字質量。

AI Copilot：AI Copilot 在報告編寫過程中也發揮了重要作用。透過自然語言處理技術，Copilot 能夠幫助我們自動生成報告的初稿，並根據我們的需求進行修改和優化，顯著提高編寫效率。

報告設計：

PowerPoint：在報告設計方面，PowerPoint 是不可或缺的工具。它提供了豐富的設計模板和圖形選項，能夠幫助我們將報告內容以視覺化的方式呈現出來。PowerPoint 的動畫和轉場效果還能夠增強報告的視覺吸引力和表達效果。

Excel：Excel 中的圖表功能在報告設計中也發揮了重要作用。我們可以將數據分析的結果以圖表的形式嵌入到報告中，增加報告的可讀性和說服力。

報告審核：

Word：在報告審核階段，Word 提供了多種審核工具，包括修訂模式、批註和比對功能，能夠幫助我們進行細緻的審核和修改，確保報告的準確性和完整性。

Outlook：Outlook 在報告審核中的作用主要體現在內部溝通和協作方面。透過 Outlook，我們可以將報告發送給相關人員進行審核，並收集他們的反饋和意見。此外，Outlook 還能幫助我們安排審核會議，確保報告的審核工作順利進行。

## 4.5.3 報告的 Output 過程

在報告的 output 階段，主要包括報告的呈現、發布和追蹤。這個階段是報告製作的收尾工作，確保報告能夠有效地傳達給目標受眾，並產生預期的影響。

報告呈現：

PowerPoint：在報告呈現方面，PowerPoint 是主要的工具。透過精美的投影片設計和生動的動畫效果，我們可以將報告內容以視覺化的方式呈現給目標受眾，增強報告的表達效果和說服力。

Excel：Excel 中的圖表和數據分析結果也可以在報告呈現中發揮作用。將 Excel 中的圖表嵌入到 PowerPoint 投影片中。

## 4.6 跟 AI 助理一起合作寫報告的公式思維

羅硯在《職場寫作公開課》有個概念很棒，也就是用「公式思維」提升辦公室報告的寫作能力，一個簡單而有效的寫作方法就是「套公式」。

什麼是「公式思維」？當我們不知道該怎麼下筆時，就先想這件事有沒有「公式」？

「公式思維」是一種寫作方法，它把一個複雜的問題或主題，分解成幾個簡單的要素，並用一個公式來表達它們之間的關係。

「公式思維」可以幫助你在寫作前，先明確你的目的、對象、核心訊息和論點，並按照一定的邏輯結構，組織你的內容和語言。

「公式思維」可以讓你的寫作更有條理和清晰，更容易讓讀者理解和接受你的觀點和建議。

### 4.6.1 為什麼要用「公式思維」？

職場寫作的目的，通常是要傳達一個想法、解決一個問題、或提出一個建議，而不是要展示你的知識或文采。職場寫作的對象，通常是你的上司、同事、客戶或合作夥伴，他們的時間和注意力都很有限，所以你要盡量用簡潔和有效的方式，讓他們明白你的意圖和價值。職場寫作的挑戰，通常是要在有限的篇幅和時間內，把一個複雜的主題或問題，用有說服力的論述和證據，呈現給讀

者，並引起他們的興趣和行動。「公式思維」可以幫助你克服這些挑戰，讓你的寫作更有目標和方向，更有邏輯和力度，更有影響和效果。

如何用「公式思維」？「公式思維」的基本步驟，是先確定你的寫作目的，然後根據你的目的，選擇一個適合的公式，並填入你的內容和論點。

## 4.6.2 公式思維範例

「公式思維」的應用示例，如下：

### 4.6.2.1 問題 - 解決公式的示例

你是一個網路安全公司的行銷經理，你要寫一封電子郵件，給一個潛在的客戶，推銷你們的產品。你可以用這個公式：

問題：你的公司的網路安全存在嚴重的風險，可能遭受黑客的攻擊，造成客戶個資的丟失或洩露。

解決：我們的產品可以幫助你的公司提升網路安全，防止駭客的入侵，保護你的資料安全。

好處：你的公司可以節省維護成本，提高信譽，增加客戶的信任。

行動：請回覆這封郵件，我們將安排一個免費的演示，讓你親自體驗我們的產品的優勢。

### 4.6.2.2 目標 - 障礙 - 方案公式的示例

你是一個教育機構的講師，你要寫一篇文章，給一些想要學習英語的讀者，介紹你們的課程。你可以用這個公式：

目標：你想要學習英語，提高你的溝通能力和職場競爭力。

障礙：你沒有足夠的時間和金錢，去參加傳統的英語課程，或者去國外旅遊。

方案：我們的課程可以幫助你在線上，用短時間和低成本，學習英語的聽說讀寫。

好處：你可以隨時隨地，按照你的進度和興趣，選擇你想要學習的內容和方式，

並獲得專業的教師和同學的指導和互動。

行動：請點擊這個 [URL]，你可以免費試聽我們的課程，並享受一個月的優惠價格。

### 4.6.2.3 情況 - 問題 - 意義 - 建議公式的示例

你是一個環保組織的志工，你要寫一份報告，給一個地方政府，分析他們的垃圾處理問題，並提出一些改善建議。你可以用這個公式：

情況：你們的城市每年產生大量的垃圾，但是垃圾處理的設施和制度都不完善，導致垃圾堆積和污染。

問題：垃圾處理的問題，不僅影響你們的城市的美觀和衛生，還對你們的環境和健康造成嚴重的威脅。

意義：垃圾處理的問題，是一個全球性的挑戰，需要你們的城市和所有的居民，共同參與和負責，才能有效地解決。

建議：我們建議你們採取以下幾個措施，來改善你們的垃圾處理問題：

增加垃圾分類和回收的規範和獎勵，減少垃圾的產生和浪費。

建立更多的垃圾處理廠，使用先進的技術，將垃圾轉化為能源和資源。

加強垃圾處理的監督和管理，防止垃圾的非法棄置和運輸。

提高垃圾處理的教育和宣傳，增加居民的環保意識和行動。

行動：我們希望你們的政府能重視這個問題，並採納我們的建議，與我們的組織和其他的合作夥伴，共同努力，創造一個更美好的城市。

### 4.6.2.4 主張 - 理由 - 證據公式的示例

你是一個健身教練，你要寫一篇文章，給一些想要減肥的讀者，說服他們選擇你的健身計劃。你可以用這個公式：

主張：你應該選擇我的健身計劃，因為它可以幫助你快速而健康地減肥。

理由：我的健身計劃有以下幾個理由：

它是根據你的體質和目標，量身定制的，不是一個固定的模式。

它是由專業的教練和營養師，親自指導和監督的，不是一個自己摸索的過程。

它是結合了適量的運動和合理的飲食，不是一個單純的節食或過度的鍛煉。

證據：我的健身計劃有以下幾個證據：

它已經幫助了上千位的客戶，成功地減掉了他們想要減掉的體重，並保持了良好的體態和健康。

它已經獲得了多個權威的認證和獎項，證明了它的科學性和有效性。

它已經收到了許多的好評和推薦，證明了它的口碑和信譽。

結論：因此，你應該選擇我的健身計劃，它可以幫助你快速而健康地減肥，讓你擁有一個更美好的生活。

## 4.6.2.5 比較 - 對比 - 結論公式的示例

你是一個旅遊社的經理，你要寫一份廣告，給一些想要出國旅遊的客戶，推薦你們的旅遊方案。你可以用這個公式：

比較：你們的旅遊方案，與其他的旅遊社的方案，有以下幾個不同的地方：

你們的旅遊方案，提供了更多的目的地和行程的選擇，讓你可以根據你的喜好和預算，自由組合你想要的旅遊計劃。

你們的旅遊方案，提供了更優質的服務和保障，讓你可以享受到專業的導遊和司機，以及全程的保險和緊急救援。

你們的旅遊方案，提供了更實惠的價格和優惠，讓你可以節省更多的錢，並獲得更多的禮品和折扣。

對比：其他的旅遊社的方案，與你們的旅遊方案，有以下幾個不足的地方：

其他的旅遊社的方案，只提供了固定的目的地和行程，讓你沒有多少的彈性和自主，只能跟隨別人的安排。

其他的旅遊社的方案，只提供了普通的服務和保障，讓你可能遇到不專業的導遊和司機，以及缺乏的保險和緊急救援。

其他的旅遊社的方案，只提供了昂貴的價格和優惠，讓你花費更多的錢，並得不到多少的禮品和折扣。

結論：因此，你應該選擇你們的旅遊方案，它可以讓你有更多的選擇和自由，更優質的服務和保障，更實惠的價格和優惠，讓你的出國旅遊更加完美和愉快。

# 5. 辦公室報告寫作的場景說明

所謂自媒體思維，就是依照受眾關心的事情優先順序，根據不同的報告類型和目的，選擇合適的報告結構和內容，而我們運用公式思維，把握報告的核心要素和關鍵訊息，並搭配數據、圖表、案例等方式，增強報告的說服力和可讀性。之後章節的範例都為 Copilot 所生成，在下 prompt 指示時，我們僅需把要報告的事情先條列化，並附上公式，例如每日回報可以這樣敲指令：「我今天工作有哪些項目（用條列式列出關鍵字即可），請依照以下公式，完全以繁體中文呈現，要在 200token 以內：

回報＝工作進度（完成情況＋遇到的問題＋解決方案）＋工作計劃（明日工作項目＋優先級＋預期成果）」

辦公室報告依照各類場景類型和公式如下：

每日回報：回報＝工作進度（完成情況＋遇到的問題＋解決方案）＋工作計劃（明日工作項目＋優先級＋預期成果）

一對一訊息請示：請示＝情報傳遞＋情境

週報：週報＝主線任務（覆盤目標＋原因分析＋下一步行動）＋決策思路＋情報視野

請人幫忙的文案：文案＝問題描述（問題背景＋問題影響＋問題緊急性）＋幫忙方式（具體行動＋期限要求＋回報方式）＋感謝表達（感謝語氣＋合作意願＋回饋承諾）

群組發文：發文＝傳遞精準的訊息＋還原情境

下次活動的檢討報告：報告＝活動概述（活動目的＋活動規模＋活動時間）＋活動評估（活動成果＋活動問題＋活動建議）＋活動感想（活動收穫＋活動感謝＋活動期待）

會議記錄：記錄 = 會議基本信息（會議主題＋會議時間＋會議地點＋會議人員）＋會議討論內容（會議議題＋會議討論＋會議決議）＋會議後續行動（行動負責人＋行動期限＋行動結果）

email：email= 主題行（主題概述＋主題重要性＋主題期待）＋正文開頭（稱呼對方＋自我介紹＋寫信目的）＋正文主體（正文內容＋正文邏輯＋正文語氣）＋正文結尾（結尾總結＋結尾期待＋結尾禮貌）

要注意的是，無論多麼精妙的公式或 prompt，AI 幾乎不可能產出第一個版本就完全符合我們的現實需求，第一次的答案都是粗糙的初稿，要靠持續對話給予回饋，跟指導助理的道理相同，特別是指出「做不好，不滿意的地方」，可能是詞句不夠專業，或是撰寫的對象不同都要有所調整。

# 6. 每日回報

## 6.1 說明

　　每日回報是職場寫作的日常，目的是向主管或同事報告自己當日的工作狀況，並規劃下一天的工作計劃。每日回報可以有助於提高工作效率，增強團隊溝通，以及解決工作中遇到的問題。因此，撰寫每日回報時，應該注意以下幾點：

　　回報的內容要清晰、簡潔，不要含糊不清或贅述無關的細節。

　　回報的格式要統一、規範，不要隨意變更或遺漏重要的部分。

　　回報的語氣要正式、禮貌，不要使用不尊重或不專業的用語。

　　寫報告我們之前提過要用公式，這邊提供了一個公式：

　　回報＝工作進度（完成情況＋遇到的問題＋解決方案）＋工作計劃（明日工作項目＋優先級＋預期成果）

　　這個公式的合理性在於，它涵蓋了每日回報的核心信息，即工作進度和工作計劃，並且將這兩個部分細分為三個小項，使得回報更具體、完整和有邏輯。以下是對這個公式各個部分的解釋：

　　工作進度：這個部分是回報當日的工作狀況，包括已經完成的工作項目，正在進行的工作項目，以及尚未開始的工作項目。這個部分可以讓主管或同事了解你的工作進展，以及你是否能按時交付預期的成果。

　　完成情況：這個小項是列出當日已經完成的工作項目，並說明這些工作項目的重要性、難度和效果。這個小項可以展示你的工作成就，以及你對工作的評估和反思。

　　遇到的問題：這個小項是描述當日遇到的工作上的困難或挑戰，並說明這些問題的原因、影響和嚴重程度。這個小項可以表達你的工作難處，以及你對工作的關注和誠信。

解決方案：這個小項是提出解決當日遇到的問題的方法或建議，並說明這些方案的可行性、必要性和效果。這個小項可以展現你的工作能力，以及你對工作的責任和積極性。

工作計劃：這個部分是規劃下一天的工作安排，包括需要完成的工作項目，以及這些工作項目的順序、時限和目標。這個部分可以讓主管或同事了解你的工作計劃，以及你如何有效地分配和管理你的時間和資源。

明日工作項目：這個小項是列出下一天需要完成的工作項目，並說明這些工作項目的來源、內容和範圍。這個小項可以清楚地表達你的工作項目，以及你對工作的理解和準備。

優先級：這個小項是根據下一天的工作項目的重要性和緊急性，給予每個工作項目一定的優先級，並按照優先級安排工作的順序。這個小項可以合理地安排你的工作順序，以及你對工作的優化和分析。

預期成果：這個小項是設定下一天的工作項目的具體目標和標準，並說明這些目標和標準的依據、意義和測量方法。這個小項可以明確地定義你的工作期望，以及你對工作的評估和控制。

## 6.2 範例

### 6.2.1 情境：新產品研發

在新產品研發專案中，設計過程發現了設計材料不符合規範的問題，這可能是由於選材不當、供應商錯誤或規範理解錯誤引起的。此問題若不及時解決，可能會影響整個設計和後續開發的進度。因此可以用以下每日回報 prompt：

使用 Copilot 編寫草稿 ✕

生成一個每日回報，內容涵蓋完成了新產品設計草圖，遇到設計材料不符規範的問題，並解決了
這個問題。明天的計劃是完成產品原型製作，優先級高，預期成果是確認原型可行性。

0 / 2000

產生

由上述的 prompt 產生的草稿如下：

# 明日計劃

- 根據設計草圖，完成產品原型的製作，優先級高。
- 對產品原型進行測試和評估，確認其可行性和效能，預期成果是產品原型的測試報告。
- 如有必要，對產品設計進行調整和改進，以符合客戶的需求和期望。

< 1/1 > ✎ 生成一個每日回...　　　　　　　　　　　　AI 產生的內容可能不正確。　👍 👎

✓ 保留　↻ 🗑　│ 例如，「縮短最後一個段落」　　　　　　　　　　　→

## 6.2.2 情境：市場調查

我們針對每日回報消費者需求分析報告遇到數據樣本量不足的問題：

使用 Copilot 編寫草稿 ✕

生成一個每日回報，內容涵蓋完成了消費者需求分析報告，遇到數據樣本量不足的問題，並尋找
了新的數據來源。明天的計劃是分析新數據，優先級中，預期成果是補充完整報告。

0 / 2000

產生

每日回報草稿針對市場調查的樣本數不足問題給出了草稿：

# 每日回報

- 今日進度
- 完成了消費者需求分析報告的初稿，包括市場規模、消費者偏好、競爭對手等方面的分析。
- 遇到數據樣本量不足的問題，影響了報告的可信度和準確度。主要原因是部分消費者拒絕參與問卷調查，或者提供了不完整或不真實的信息。
- 尋找了新的數據來源，包括社交媒體、線上評論、消費者協會等，以補充和驗證問卷調查的數據。

明日計劃

分析新數據，並將結果整合到報告中，以提高報告的質量和可靠性。

優先級：中

預期成果：補充完整報告，並準備好進行內部審核和修改。

## 6.2.3 情境：客戶會議

有個情境是針對客戶的進度報告，因此要求 Copilot 生成一個每日回報，內容涵蓋與主要客戶的會議已完成，遇到客戶需求變更的問題，並提出了新的解決方案。明天的計劃是更新項目方案，優先級高，預期成果是獲得客戶確認。

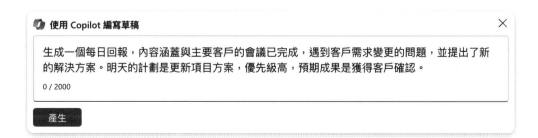

以下是生成的內容，包含「今日完成」、「明日計畫」、「事情的優先級」與「預期成果」：

# 每日回報

2024年6月12日

## 今日完成

- 與主要客戶進行了項目進度會議，匯報了當前的任務和里程碑。
- 在會議中發現客戶對項目的需求有了一些變化，影響了原先的設計和時間表。
- 根據客戶的新需求，提出了一個新的解決方案，並獲得了客戶的初步認可。

## 明日計劃

- 更新項目方案，將新的解決方案納入設計，並調整時間表和預算。
- 與客戶溝通新的項目方案，並獲得客戶的正式確認。
- 將新的項目方案發送給項目團隊，並安排一次團隊會議，討論下一步的任務分配和執行。

在「事情的優先級」與「預期成果」這兩方面，是關乎本會議的注意事項，也就是 CTA 行動呼籲前要特別釐清的地方。

## 優先級

- 更新項目方案的優先級為高，因為它關係到項目的成功執行和客戶的滿意度。
- 與客戶溝通和獲得確認的優先級為高，因為它可以避免日後的需求變更和衝突。
- 與項目團隊溝通和分配任務的優先級為中，因為它可以確保團隊的同步和協作。

# 預期成果

- 預期成果是獲得客戶對新的項目方案的確認，並且將項目團隊調整到新的任務和時間表上。

## 6.2.4 情境：行銷活動

行銷活動在很多公司是必須的準備工作，針對遇到廣告設計未達標準的問題進行每日回報，可以這樣表達：

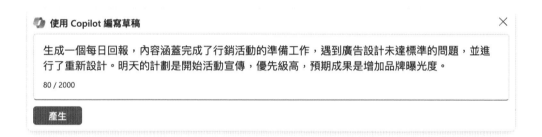

行銷活動的準備工作，設計時的問題的每日回報草稿如下：

# 每日回報

### 行銷活動準備工作、廣告設計問題與重新設計、明日計劃

## 行銷活動準備工作

今天我們完成了行銷活動的準備工作，包括確認目標客群、設定活動目標、預算與時間表、選擇合適的媒體平台等。我們根據市場調查和競爭分析，制定了一個適合我們品牌形象和產品特色的活動方案，並獲得了上級的批准。

# 廣告設計問題與重新設計

在準備工作的過程中，我們遇到了一個問題，就是我們委託的廣告設計公司提供的廣告素材未能達到我們的標準和要求。我們發現廣告設計的風格、色彩、字體和內容都不符合我們的品牌形象和活動主題，並且缺乏吸引力和創意。我們向廣告設計公司提出了我們的意見和建議，並要求他們重新設計廣告素材。我們也提供了一些我們認為好的廣告設計案例，作為參考和靈感。廣告設計公司承諾在明天早上之前完成重新設計，並向我們提交新的廣告素材。

行銷活動的準備工作，設計時的問題的每日回報草稿如下：

# 明日計劃

明天的計劃是開始活動宣傳，這是一個優先級高的任務，因為我們希望能夠在市場上創造一個強烈的品牌印象，並吸引更多的潛在客戶。我們將在不同的媒體平台上發布我們的廣告素材，包括社交媒體、網站、電子郵件、報紙、雜誌等。我們也將利用一些促銷手段，如折扣、贈品、抽獎等，來增加活動的參與度和轉化率。我們預期這次活動能夠有效地提高我們的品牌曝光度，並增加我們的銷售額和市場佔有率。

## 6.2.5 情境：財務報表

針對財務狀況發現數據不一致跟上層回報，其指令可包含產出格式與每日回報邏輯公式提供給 Copilot：

使用 Copilot 編寫草稿                                           ✕

生成一個每日回報，內容涵蓋完成了季度財務報表的初步編制，遇到數據不一致的問題，並進行了數據核對。明天的計劃是完成最終報表，優先級中，預期成果是提交給財務主管審核。
內文結構包含：
【工作進度】：
【工作計畫】：
【預期成果】：

行文邏輯照著以下公式：
回報＝工作進度（完成情況＋遇到的問題＋解決方案）＋工作計劃（明日工作項目＋優先級＋預期成果）

173 / 2000

產生

　　財務數據不一致的每日回報分成了工作進度、工作計畫，可是缺了「預期成果」，我們繼續優化：

# 每日回報

## 工作進度

- 完成了季度財務報表的初步編制，包括收入、支出、利潤等數據的匯總和分析。
- 在編制過程中，發現了部分數據不一致的問題，例如某些單位的報表與總部的數據不符，或者某些項目的分類有誤。
- 為了解決這些問題，我進行了數據核對，與相關單位聯繫，確認數據的準確性和一致性，並對錯誤的數據進行了更正和調整。

# 工作計劃

- 明天的工作項目是完成最終報表,將初步編制的報表進行格式化和優化,並添加必要的註釋和說明。
- 這項工作的優先級是中等,因為報表的截止日期是本周五,還有一定的時間緩衝,但也不能拖延。
- 預期成果是提交一份完整、準確、清晰的季度財務報表,供財務主管審核和批准,並為下一步的財務決策提供依據。

這個範例很明顯展現了不符合我們期待的格式,就算我們先把內文結構先說明,還是得透過不斷反覆修正才能產出我們期望的內文與基本格式。

〈 若要微調草稿,請新增一些詳細資料並重新產生

> 內文結構標題包含:【工作進度】:【工作計畫】:【預期成果】:　　　　　→

因此我們再次強調產出格式要有「工作進度」、「工作計畫」、「預期成果」三段:

# 每日回報

## 【工作進度】

今天,我完成了季度財務報表的初步編制,包括收入、支出、利潤等數據的匯總和分析。

在編制過程中,我發現了部分數據不一致的問題,例如某些單位的報表與總部的數據不符,或者某些項目的分類有誤。

為了解決這些問題,我進行了數據核對,與相關單位聯繫,確認數據的準確性和一致性,並對錯誤的數據進行了更正和調整。

## 【工作計劃】

明天的工作項目是完成最終報表，將初步編制的報表進行格式化和優化，並添加必要的註釋和說明。

這項工作的優先級是中等，因為報表的截止日期是本周五，還有一定的時間緩衝，但也不能拖延。

## 【預期成果】

預期成果是提交一份完整、準確、清晰的季度財務報表，供財務主管審核和批准，並為下一步的財務決策提供依據。

修改後的初稿有工作計畫和預期成果：

# 每日回報

## 【工作進度】

今天，我完成了季度財務報表的初步編制，包括收入、支出、利潤等數據的匯總和分析。

在編制過程中，我發現了部分數據不一致的問題，例如某些單位的報表與總部的數據不符，或者某些項目的分類有誤。

為了解決這些問題，我進行了數據核對，與相關單位聯繫，確認數據的準確性和一致性，並對錯誤的數據進行了更正和調整。

# 【工作計劃】

明天的工作項目是完成最終報表，將初步編制的報表進行格式化和優化，並添加必要的註釋和說明。

這項工作的優先級是中等，因為報表的截止日期是本周五，還有一定的時間緩衝，但也不能拖延。

# 【預期成果】

預期成果是提交一份完整、準確、清晰的季度財務報表，供財務主管審核和批准，並為下一步的財務決策提供依據。

## 6.2.6 情境：網站開發

網站開發遇到功能實現困難的問題，我們的回報內文結構的標題包含：

【工作進度】：

【工作計畫】：

【預期成果】：

並搭配行文邏輯照著以下公式：

回報＝工作進度（完成情況＋遇到的問題＋解決方案）＋工作計劃（明日工作項目＋優先級＋預期成果）

**⊙ 使用 Copilot 編寫草稿** ✕

生成一個每日回報，內容涵蓋完成了首頁設計，遇到功能實現困難的問題，並尋找了技術解決方案。明天的計劃是開發用戶登錄功能，優先級高，預期成果是登錄功能正常運行。
內文結構的標題包含：
【工作進度】：
【工作計畫】：
【預期成果】：
行文邏輯照著以下公式：
回報＝工作進度（完成情況＋遇到的問題＋解決方案）＋工作計劃（明日工作項目＋優先級＋預期成果）

173 / 2000

**產生**

網站進度以每日回報的公式產生初稿如下：

# 每日回報

## 工作進度

- 完成了首頁設計，包括版面配置、色彩選擇、圖片素材等，並通過了客戶的審核。
- 遇到了功能實現的困難，主要是如何實現用戶的個性化推薦和社交互動。
- 尋找了技術解決方案，參考了一些相關的文獻和代碼，學習了機器學習和數據分析的基礎知識，並選擇了合適的算法和框架。

## 工作計劃

- 明日的工作項目是開發用戶登錄功能，這是一個優先級高的任務，因為它關係到用戶的註冊、登錄、密碼找回等基本操作。
- 預期成果是登錄功能正常運行，能夠驗證用戶的身份，並保護用戶的隱私和安全。

## 預期成果

- 首頁設計能夠吸引用戶的注意力,並提高用戶的黏性和轉化率。
- 功能實現能夠滿足用戶的需求,並提供個性化和社交的體驗。
- 登錄功能能夠保障用戶的權益,並建立用戶的信任和忠誠。

有時報告閱讀者會希望標題更明顯,可適度加上【 】來強調重點:

〈 若要微調草稿,請新增一些詳細資料並重新產生

> 內文結構的標題包含: 【工作進度】: 【工作計畫】: 【預期成果】: →

產生的初稿如下:

# 每日回報

## 【工作進度】

今天我主要完成了首頁設計的工作,包括版面配置、色彩選擇、圖片素材等,並通過了客戶的審核。首頁設計能夠吸引用戶的注意力,並提高用戶的黏性和轉化率。

在功能實現方面,我遇到了一些困難,主要是如何實現用戶的個性化推薦和社交互動。為了解決這個問題,我尋找了一些技術解決方案,參考了一些相關的文獻和代碼,學習了機器學習和數據分析的基礎知識,並選擇了合適的算法和框架。

## 【工作計劃】

明日的工作項目是開發用戶登錄功能,這是一個優先級高的任務,因為它關係到用戶的註冊、登錄、密碼找回等基本操作。預期成果是登錄功能正常運行,能夠驗證用戶的身份,並保護用戶的隱私和安全。

# 【預期成果】

在完成登錄功能後，我將繼續開發其他的功能模塊，如個性化推薦、社交互動、用戶評論等，以滿足用戶的需求，並提供個性化和社交的體驗。我希望能夠按時完成項目，並達到客戶的滿意度。

## 6.2.7 情境：客戶支持

有時會多個客戶支持請求而遇到複雜技術問題，我們可搭配每日回報格式產生初稿：

---

🌀 使用 Copilot 編寫草稿　　　　　　　　　　　　　　　　×

生成一個每日回報，內容涵蓋處理了多個客戶支持請求，遇到一個複雜技術問題，並與技術團隊協作解決。明天的計劃是完善客戶支持指南，優先級中，預期成果是提高支持效率。
內文結構的標題包含：
【工作進度】：
【工作計畫】：
【預期成果】：
行文邏輯照著以下公式：
回報＝工作進度（完成情況＋遇到的問題＋解決方案）＋工作計劃（明日工作項目＋優先級＋預期成果）

173 / 2000

產生

---

客戶支持的初稿，依照預定格式產生如下：

# 客戶支持每日回報

## [工作進度]

- 今天處理了15個客戶支持請求，其中10個已經解決，5個正在跟進。
- 遇到一個複雜的技術問題，客戶反映無法登入系統，錯誤代碼是403。
- 與技術團隊協作，發現是系統設定的問題，需要重新配置權限。
- 技術團隊已經修復了問題，並測試了系統的穩定性。
- 聯繫了客戶，確認了問題已經解決，並獲得了客戶的滿意評價。

客戶支持的初稿，包含工作計畫和預期成果：

## [工作計畫]

- 明天的工作項目是完善客戶支持指南，增加常見問題和解決方案的範例，並更新系統的使用說明。
- 這個工作項目的優先級是中等，因為它可以提高客戶的自助能力，減少支持請求的數量，並提升客戶的滿意度。
- 預期的成果是在明天下午完成指南的修訂，並發送給客戶，讓他們可以及時獲得最新的資訊。

## [預期成果]

- 通過完善客戶支持指南，我希望能夠提高支持效率，減少重複性的工作，並提升客戶的信任和忠誠度。
- 我也希望能夠通過與技術團隊的協作，增加對系統的熟悉度，並及時反饋客戶的需求和建議。
- 我將根據客戶的反饋和數據，持續改進客戶支持的品質和效果。

## 6.2.8 情境：員工培訓

任何一間有員工的公司都有員工培訊計畫，很常遇到資源不足的問題，我們能表達問題並請示上級：

---

### 使用 Copilot 編寫草稿 ✕

生成一個每日回報，內容涵蓋完成了新員工培訓計劃，遇到培訓資源不足的問題，並補充了相關資源。明天的計劃是開始第一天的培訓課程，優先級高，預期成果是新員工熟悉基本流程。
內文結構的標題包含：
【工作進度】：
【工作計畫】：
【預期成果】：
行文邏輯照著以下公式：
回報＝工作進度（完成情況＋遇到的問題＋解決方案）＋工作計劃（明日工作項目＋優先級＋預期成果）

177 / 2000

**產生**

---

新員工培訓資源不足，依照格式產生回報初稿：

# 每日回報

### 2024年6月12日

## [工作進度]

- 完成了新員工培訓計劃的設計和準備，共分為三個階段，每個階段包含五個課程，涵蓋了公司的基本介紹、核心價值、工作流程、團隊合作和專業技能。
- 遇到了培訓資源不足的問題，部分課程的教材和視頻缺失或過時，影響了培訓的效果和品質。
- 補充了相關資源，更新了教材和視頻，並從其他部門借用了一些優質的培訓素材，確保了培訓計劃的完整性和一致性。

新員工培訓資源不足，依照格式產生初稿，包含工作計畫與預期成果：

# [工作計劃]

- 明天的計劃是開始第一天的培訓課程，優先級高，安排了兩個小時的公司基本介紹和核心價值的講解，以及一個小時的互動活動，讓新員工了解公司的歷史、願景、使命和文化。
- 預期成果是新員工熟悉公司的基本情況，認同公司的核心價值，並建立起對公司的歸屬感和信任感。

# [預期成果]

- 培訓計劃能夠順利執行，沒有遇到技術或人員的問題，新員工能夠積極參與，並獲得有效的學習和成長。
- 培訓計劃能夠達到預期的目標，新員工能夠掌握公司的基本知識和工作技能，並能夠快速適應公司的工作環境和團隊氛圍。
- 培訓計劃能夠提高新員工的工作滿意度和忠誠度，並增強他們的工作動機和責任感，為公司的發展做出貢獻。

## 6.2.9 情境：社交媒體管理

本周的社交媒體內容計劃遇到內容創意不足的問題：

---

**使用 Copilot 編寫草稿**                                    ✕

生成一個每日回報，內容涵蓋完成了本周的社交媒體內容計劃，遇到內容創意不足的問題，並舉行了頭腦風暴會議。明天的計劃是排程內容發布，優先級中，預期成果是增加互動率。
內文結構的標題包含：
【工作進度】：
【工作計畫】：
【預期成果】：
行文邏輯照著以下公式：
回報＝工作進度（完成情況＋遇到的問題＋解決方案）＋工作計劃（明日工作項目＋優先級＋預期成果）

175 / 2000

產生

---

社交媒體問題回報的初稿如下：

# 每日回報

## [工作進度]

- 本周的社交媒體內容計劃已經完成，包括Facebook、Instagram和Twitter的貼文和故事。
- 遇到的問題是內容創意不足，導致內容缺乏吸引力和差異性。
- 為了解決這個問題，我們舉行了一場頭腦風暴會議，從不同的角度和觀點出發，提出了一些新的內容主題和形式。

社交媒體問題回報的初稿的工作計畫和預期成果如下：

# [工作計劃]

- 明天的工作項目是排程內容發布，根據不同的社交媒體平台和目標受眾，選擇合適的時間和頻率。
- 這項工作的優先級是中等，因為它不是緊急的，但是對於保持社交媒體的活躍度和覆蓋率是很重要的。
- 預期的成果是增加社交媒體的互動率，包括點讚、留言、分享和轉發，從而提高品牌的知名度和聲譽。

# [預期成果]

- 通過完成本周的社交媒體內容計劃，我們期望能夠提供有價值和有趣的內容給我們的粉絲和潛在客戶，增強他們對我們品牌的認同和信任。
- 通過排程內容發布，我們期望能夠達到最佳的曝光效果，吸引更多的關注和參與，擴大我們的影響力和市場佔有率。

## 6.2.10 情境：供應鏈管理

供應商合約遇到物流延誤的問題，必須調整了交付時間：

---

🔵 使用 Copilot 編寫草稿　　　　　　　　　　　　　　　　✕

生成一個每日回報，內容涵蓋完成了供應商合同的簽署，遇到物流延誤的問題，並調整了交付時間。明天的計劃是確認新物流安排，優先級高，預期成果是確保按時交貨。
內文結構的標題包含：
【工作進度】：
【工作計畫】：
【預期成果】：
行文邏輯照著以下公式：
回報＝工作進度（完成情況＋遇到的問題＋解決方案）＋工作計劃（明日工作項目＋優先級＋預期成果）

170 / 2000

---

產生

供應商材料供應時間改期的回報初稿如下：

# 每日回報

### 2024年6月12日

## [工作進度]

- 完成了與供應商的合同簽署，確保了原材料的供應。
- 遇到了物流延誤的問題，原定的交貨時間無法保證。
- 與供應商和物流公司協商，調整了交貨時間，將原本的6月20日延後到6月25日。
- 通知了客戶和內部相關部門，獲得了他們的理解和支持。

供應商材料供應時間改期的回報初稿，工作計畫和預期成果如下：

## [工作計劃]

- 明天的工作項目是確認新的物流安排，跟進物流公司的進度，並及時反饋給客戶和內部相關部門。
- 明天的工作優先級是高，因為物流延誤可能影響客戶的信任和滿意度，也可能影響我們的收入和聲譽。
- 明天的預期成果是確保物流公司能夠按照新的交貨時間準時發貨，並及時更新物流信息，讓客戶和內部相關部門放心。

## [預期成果]

- 預期成果是能夠按時交貨，滿足客戶的需求，並保持良好的合作關係。
- 預期成果是能夠減少物流延誤對我們的負面影響，並提高我們的服務質量和信譽。
- 預期成果是能夠從這次的物流延誤中吸取經驗，並改進我們的物流管理和風險控制。

# 7. 一對一訊息請示

## 7.1 說明

　　每日回報通常是發在三人以上的群組中呈現階段性成果，而在與主管 / 老闆進行一對一 Line 請示時，我們需要注意信息的清晰簡短，確保溝通高效且準確。以下指南將根據「交換情報」和「還原情境」的原則，提供具體的請示方法和範例，其公式如下：

請示 = 情報傳遞 + 情境

一、交換情報

在 Line 請示中，交換情報是核心。確保信息清晰簡短，做到以下三點：

1. 要事優先

一次性用最少的字把事情說清楚，重點突出，不浪費老闆的時間。

2. 消除歧義

以 Line 的對話格式來講，一條信息只說一件事，如果事情多，可以分段描述，但要在同一個對話框內；如果無法簡單說清楚，附上範本或詳細說明。

> 老闆您好：
>
> 收到一個行業會議的邀請，請問您是否方便參加？
>
> 1、時間：【6月12日下午2點到5點】
>
> 2、地點：市中心國際會議中心
>
> 3、議題：行業趨勢和技術創新
>
> 4、會議詳細資料：已發到您的email，標題「行業會議邀請函」
>
> 【請您確認時間與地點是否方便？】

3. 簡明清晰

以 Line 來說，每條信息最好不超過 200 個字，避免冗長和不必要的細節，確保老闆一眼就能抓住重點。

一對一請示非常短，只要人、事、時、地、物明確，在一訊息對話框內就能打完，不需要動用到 Copilot 編輯，除非真的需要稍微長一點的說明才能讓長官們下決定。

## 7.2 案例

### 7.2.1 情境：請示報告提交時間

老闆您好：

我們的季度報告即將完成，預計需要額外一周的時間來進行最後的數據校對和格式調整。請問您能否同意將提交時間延後至【6 月 20 日】？

【請您確認是否同意延後提交時間？】

### 7.2.2 情境：徵詢意見選擇供應商

老闆您好：

我們目前有三個潛在的供應商供您選擇，分別是：
1. 供應商 A：提供較低價格，但交貨期稍長
2. 供應商 B：價格適中，交貨期短
3. 供應商 C：提供高品質產品，但價格較高

【請您告知我們應選擇哪個供應商？】

### 7.2.3 情境：請示專案預算調整

老闆您好：

我們在執行新專案時發現需要額外的資金支持，預計增加【20,000 元】的預算用於市場推廣。請問您能否同意這項預算調整？

【請您確認是否批准增加預算？】

### 7.2.4 情境：徵詢意見選擇會議時間

老闆您好：

我們需要安排一次全體會議，以下是三個可行的時間段：
1. 6 月 15 日上午 10 點
2. 6 月 16 日下午 2 點
3. 6 月 17 日上午 9 點

【請您告知最方便的會議時間？】

### 7.2.5 情境：請示工作日程安排

老闆您好：

我們計劃在下周安排一次部門團建活動，時間預計為【6 月 14 日全天】。請問您是否同意這個日程安排？

【請您確認是否同意這個日程安排？】

### 7.2.6 情境：徵詢意見選擇市場策略

老闆您好：

我們針對新產品的市場推廣有兩個策略方案：

1. 方案 A：主打線上廣告，預算為 10 萬元
2. 方案 B：結合線上和線下活動，預算為 15 萬元

【請您確認我們應選擇哪個策略方案？】

## 7.2.7 情境：請示員工教育訓練計畫

老闆您好：

我們計劃在下月組織一場員工培訓，時間定於【7月5日-7月7日】，主題為「提高團隊合作和溝通技巧」。請問您是否批准這個計畫？

【請您確認是否批准這個培訓計畫？】

關於員工教育訓練，則需要比較多一點解釋，因此我們跟 Copilot 一起協作產生初稿：

---

◆ 使用 Copilot 編寫草稿　　　　　　　　　　　　　　　✕

我要跟老闆請示事項，幫我補上原因

老闆您好：

我們計劃在下月組織一場員工培訓，時間定於【7月5日-7月7日】，主題為「提高團隊合作和溝通技巧」。請問您是否批准這個計畫？

【請您確認是否批准這個教育訓練計畫？】

108 / 2000

產生

用在修改視窗中強調以清單體列出：

〈　若要微調草稿，請新增一些詳細資料並重新產生

| 用清單體呈現 | → |
| --- | --- |

　　產生以下初稿：

# 員工培訓請示

老闆您好：

我們計劃在下月組織一場員工培訓，時間定於7月5日至7月7日，主題為「提高團隊合作和溝通技巧」。請問您是否批准這個計畫？

這個培訓對於提升我們的工作效率和客戶滿意度非常有幫助，原因如下：

- 我們的業務涉及多個部門和外部合作夥伴，需要有良好的團隊合作和溝通能力；
- 我們的客戶來自不同的文化和背景，需要有敏銳的觀察和聆聽技巧，以及適當的回應和處理方式；
- 我們的工作環境經常變化，需要有靈活的應變和創新能力，以及有效的問題解決和決策技巧。

我們已經找到了一家專業的培訓機構，他們提供了一個適合我們需求的培訓方案，費用也在我們的預算範圍內。培訓的詳細內容和報價單，我已經附在這封郵件裡，請您查看。

我們希望能夠得到您的支持和批准，讓我們的員工能夠參加這個培訓，提升自己的技能和信心，為公司創造更好的業績和口碑。

謝謝您的關注和理解，期待您的回覆。

您忠誠的員工，

【簽名】

## 7.2.8 情境：徵詢意見選擇合作伙伴

老闆您好：

我們有兩個潛在的合作伙伴可供選擇：
1. 合作伙伴 A：具有豐富的行業經驗
2. 合作伙伴 B：提供更多資金支持

【請您告知我們應選擇哪個合作伙伴？】

## 7.2.9 情境：請示參加外部活動

老闆您好：

收到一個業界研討會的邀請，資訊如下：
1. 時間：【6 月 25 日全天】
2. 地點：市中心會議中心
3. 主題：「數位化轉型的未來」
4. 資料：已把當天時程表 email 給您，標題為「數位化轉型的未來」

【請您確認是否參加此活動？】

## 7.2.10 情境：請示員工獎勵方案

老闆您好：

為了激勵員工，依據 6 月 2 日的會議討論，我們提出了兩個獎勵方案：
1. 方案 A：年底發放一次性獎金
2. 方案 B：每季度發放績效獎金

【請您確認我們應實行哪個獎勵方案？】

# 8. 週報

## 8.1 說明

週報我認為是所有辦公室報告形式的核心，也是展現自媒體性格最關鍵的呈現方式，因為它有辦法跟主管、老闆、客戶對答案的同時，又能探查產業、市場脈動，去除公司機密內容後，累積三個月後就能公開發表在公眾平台，可能是 LinkedIn，向外展示我們的專業度與積極進取心，進而達成我們個人職場目的，以及準備未來更好的工作，甚至跳出公司組織轉型成自營商做生意的關鍵手段，這簡單的動作牽涉到知識萃取、系統思考、多模型思維等等職場修煉。

依據羅硯的職場寫作邏輯來看，她在一系列課程中強調，藉由每週主動展示自己對工作的理解和思考的工具，可以讓他人快速掌握你在幹嘛，對工作是怎麼想的，且是系統性增強與主管、老闆與客戶的溝通和協作，從而檢視自己的工作目標和成果，以公式思維總結如下：

週報＝主線任務（覆盤目標＋原因分析＋下一步行動）＋決策思路＋情報視野

週報由三大要素組成：

主線任務：重點展示與個人成績考核直接相關的主要工作任務和目標，避免流水帳，要突出展示目標完成情況、原因分析和下一步行動。

目標導向：每項主線任務都應闡述目標達成情況、原因分析及下一步計劃。不要僅僅列出做了什麼，而是要展示工作目標和結果。

數據支持：使用具體數據來佐證你的工作成果，增加週報的說服力。

可視化進度：對於複雜或難以量化的任務，可以使用進度百分比來表達完成度，提高透明度。

避免主次不分：聚焦於能直接服務於組織目標和個人成績考核的主線任務，避免列出無關緊要的瑣事。

決策思路：展示自己在工作中做出決策時的思考過程和依據，跟老闆、主管決策思考相同的，機會更大，展現思考過程，被打臉就只是校正，而非等到專案中間才知道方向不對，可以在一週結束前就知道，這相當於前提是針對自身專案內容，而非對他人指手畫腳，這算一對一指導，拿自己的錯誤答案去跟主管套正確思路。可以用關鍵變量、方案對比、潛在風險等方式來表達。詳細描述做出決策時的思考過程和依據，展示你的管理思維、邏輯思維和問題解決能力。

情報視野：分享你在一週內獲取該產業行業動態、競爭對手信息和新技術發展，展示你對行業趨勢的敏銳度和預判能力。

情報視野是指分享自己在行業動態、競爭對手信息、新技術發展等方面的關注和學習，可以提升自己的專業形象和影響力。

簡言之，週報的核心目的不僅是工作匯報，更是展示個人對工作的深度理解與戰略思考。透過週報，你不僅僅呈現了自己完成了哪些工作，更重要的是表現出你如何理解與推進工作，以及你在團隊中的價值，以每週穩扎穩打地向前，對未來的更大機會賺更多錢鋪路。一份優質的週報可以從以下三個層次提升自我價值：

工作理解：週報應超越對日常工作的簡單描述，展現你對工作的深度洞察和策略規劃。

視角跳脫：從日常瑣碎的工作中抽身，從更高的視角對工作進行復盤與校準。

溝通工具：週報是與上級及團隊溝通的橋樑，透明化你的工作與思考過程，提升工作效率。

## 8.2 案例

### 8.2.1 新產品推廣受阻礙

　　針對本週週報碰到新產品推廣受阻礙的問題，依照「本週任務」、「決策思路」、「情報視野」的格式，搭配週報的公式邏輯，請 Copilot 產生初稿：

---

**使用 Copilot 編寫草稿**　　　　　　　　　　　　　　　　　　✕

我要產生本週週報：
內文主軸：這週我在推動XX項目上遇到了一些挑戰，經過分析，我發現問題的根源在於XXX。為了達成目標，我計劃採取以下行動：XXXX。這次的經驗讓我對整體流程有了更深的理解，也看到了改善的空間。
內文標題參照：
【本週任務】
【決策思路】
【情報視野】
內文參考以下邏輯：
依據羅硯的職場寫作邏輯來看，她在一系列課程中強調，藉由每週主動展示自己對工作的理解和思考的工具，可以讓他人快速掌握你在幹嘛，對工作是怎麼想的，且是系統性增強與主管、

549 / 2000

産生

---

　　新產品推廣受阻，提出解決方案的週報初稿如下：

# 2024年6月第二週週報

### XX項目的挑戰與對策

## 【本週任務】

- 完成XX項目的需求分析和設計方案，並與客戶進行溝通和確認。
- 發現XX項目的執行過程中存在一些技術難題和資源瓶頸，導致進度延遲和品質下降。
- 分析問題的根源在於需求變動頻繁、團隊協作不夠順暢和人力不足。
- 為了達成項目目標，我計劃採取以下行動：與客戶建立更緊密的聯繫，及時反饋需求變動和進度調整；加強團隊內部的溝通和協調，明確分工和責任，定期檢視工作品質和風險；向主管申請增加人力支援，並提升團隊的技術能力和效率。
- 這次的經驗讓我對項目管理的整體流程有了更深的理解，也看到了改善的空間。我會繼續學習和反思，提高自己的專業素養和問題解決能力。

## 【決策思路】

- 在面對XX項目的挑戰時，我採用了以下的決策思路：首先，我將問題分解為三個層面：需求、團隊和資源，並對每個層面進行了詳細的分析和評估；其次，我根據分析的結果，制定了相應的對策和行動計劃，並與相關的利害關係人進行了溝通和協商；最後，我執行了行動計劃，並持續監測和調整，以確保項目的順利進行。
- 這種決策思路幫助我在面對複雜和變化的情況時，能夠快速地定位問題，找出解決方案，並有效地執行和應對。同時，這種決策思路也體現了我對工作的主動性和責任感，以及對客戶和團隊的關注和尊重。

週報中的「情報視野」是跟一般上班族拉開距離的加分項，也是我們未來逃出辦公室的輿情蒐集，對現職公司與未來的轉職、跳槽都有幫助，一魚多吃：

## 【情報視野】

- 在這週，我關注了以下幾個與XX項目相關的情報：一是關於XX行業的最新趨勢和發展，我通過閱讀行業報告和專業文章，了解了XX行業的市場需求、競爭環境和創新方向，並將這些情報與XX項目的需求和設計進行了對比和參考；二是關於XX技術的最新進展和應用，我通過參加線上研討會和學習線上課程，掌握了XX技術的原理、特點和優勢，並將這些技術與XX項目的實施和優化進行了結合和探索；三是關於XX項目的客戶反饋和建議，我通過定期的電話和郵件，收集了客戶對XX項目的需求變動、滿意度和期待，並將這些反饋和建議與XX項目的進度和品質進行了檢視和改進。
- 這些情報讓我對XX項目有了更廣闊和深入的視野，也讓我對自己的工作有了更多的信心和動力。我會繼續關注和學習與XX項目相關的情報，並將其運用到我的工作中，以提升XX項目的價值和效果。

## 8.2.2 新產品上市計劃

新產品即將上市的週報初稿可下達以下指令：

---

🔷 使用 Copilot 編寫草稿      ✕

幫我產生本週週報：
* 主線任務：產品設計完成，市場調查進行中，確定上市日期。
  * 目標達成情況：產品設計100%完成，市場調查進度50%，確定上市日期為下月15日。
  * 原因分析：設計團隊高效協作，市場調查受限於人手不足。
  * 下一步行動：加強市場調查人員配置，確保按時完成。
* 決策思路：在決定上市日期時，考慮到市場競爭態勢和公司資源配置。
* 情報視野：競爭對手新產品分析，市場趨勢報告。
內文標題參照：
【本週任務】
【決策思路】
【情報視野】

654 / 2000

產生

---

週報初稿如下：

# 本週週報

2024年6月13日

# 【本週任務】

- 產品設計完成，市場調查進行中，確定上市日期。
- 目標達成情況：產品設計100%完成，市場調查進度50%，確定上市日期為下月15日。
- 原因分析：設計團隊高效協作，市場調查受限於人手不足。
- 下一步行動：加強市場調查人員配置，確保按時完成。

# 【決策思路】

- 在決定上市日期時,考慮到市場競爭態勢和公司資源配置。
- 市場競爭態勢:分析了競爭對手的產品特點、優勢和劣勢,預測了市場需求和消費者偏好。
- 公司資源配置:評估了公司的生產能力、財務狀況和營銷策略,制定了合理的預算和時間表。
- 決策依據:綜合了市場競爭態勢和公司資源配置的分析,選擇了下月15日作為上市日期,以抓住市場先機,並保證產品質量和營銷效果。

# 【情報視野】

- 競爭對手新產品分析,市場趨勢報告。
- 競爭對手新產品分析:收集了競爭對手的新產品資訊,對比了產品的功能、價格和銷售渠道,發現了我們產品的優勢和劣勢,並提出了相應的改進建議。
- 市場趨勢報告:調研了市場的發展趨勢,分析了消費者的需求和喜好,預測了未來的市場機會和挑戰,並制定了相應的營銷策略。

## 8.2.3 客戶滿意度提升專案

針對客戶滿意度提升的週報,分別把客戶反饋以及需要做的下一步驟建議寫進指令中:

使用 Copilot 編寫草稿     ✕

我要產生本週週報：
情境：客戶滿意度提升專案
* 主線任務：分析客戶反饋，制定改進計劃。
  * 目標達成情況：反饋分析完成，改進計劃初步制定。
  * 原因分析：客戶反饋收集全面，但改進計劃需要更多部門參與。
  * 下一步行動：召開跨部門會議，完善改進計劃。
* 決策思路：根據反饋數據分析，制定針對性改進措施。
* 情報視野：最新客戶服務技術，競爭對手服務策略。
內文標題參照：
【本週任務】
【決策思路】

633 / 2000

產生

由上述指令產生客戶滿意度提升週報：

# 客戶滿意度提升專案週報

2024年6月13日

## 【本週任務】

- 主線任務：分析客戶反饋，制定改進計劃。
- 目標達成情況：反饋分析完成，改進計劃初步制定。
- 原因分析：客戶反饋收集全面，但改進計劃需要更多部門參與。
- 下一步行動：召開跨部門會議，完善改進計劃。

# 【決策思路】

- 根據反饋數據分析，制定針對性改進措施。
- 發現客戶對於產品的功能和品質滿意度較高，但對於服務的速度和溝通滿意度較低。
- 擬定改進計劃，包括提升服務人員的培訓和考核，優化服務流程和系統，增加客戶溝通的頻率和方式。
- 預計改進計劃執行後，可以提高客戶滿意度10%以上。

# 【情報視野】

- 最新客戶服務技術，競爭對手服務策略。
- 關注最新的客戶服務技術，如人工智能、機器人、雲端服務等，學習其優勢和應用場景，評估是否適用於我們的產品和客戶。
- 分析競爭對手的服務策略，如服務承諾、客戶關係管理、服務獎勵等，找出其優缺點，並與我們的服務進行比較和改進。

## 8.2.4 季度銷售目標達成情況

季度銷售目標達成情況寫成週報，可以用如下 prompt：

使用 Copilot 編寫草稿 ✕

我要產生本週週報：
季度銷售目標達成情況
* 主線任務：完成季度銷售目標，分析銷售數據。
  * 目標達成情況：銷售目標達成85%，需要進一步努力。
  * 原因分析：市場需求變化，部分產品銷售不佳。
  * 下一步行動：調整銷售策略，加大宣傳力度。
* 決策思路：根據銷售數據和市場需求，動態調整策略。
* 情報視野：市場需求趨勢分析，競爭對手銷售策略。
內文標題參照：
【本週任務】
【決策思路】

627 / 2000

產生

季度銷售目標達成情況目標達成情形週報生成初稿如下：

# 本週週報

## 季度銷售目標達成情況

# 【本週任務】

- 主線任務：完成季度銷售目標，分析銷售數據。
- 目標達成情況：本週銷售額為 1,500 萬元，達成季度目標的 85%，與上週相比增長了 5%。
- 原因分析：本週銷售成長的主要原因是推出了新的促銷活動，吸引了更多的客戶下單。然而，由於市場需求的變化，部分產品的銷售表現不佳，影響了整體的銷售目標達成率。
- 下一步行動：為了提高銷售目標的達成率，我們將調整銷售策略，針對不同的產品和客戶群，制定更合適的價格和優惠方案。同時，我們將加大宣傳力度，利用社交媒體和線上平台，提高產品的知名度和口碑。

## 【決策思路】

- 根據銷售數據和市場需求，動態調整策略。
- 我們每週會收集和分析銷售數據，了解各個產品的銷售情況和客戶反饋，並根據數據做出相應的調整。
- 我們也會關注市場需求的變化，研究客戶的喜好和需求，並根據市場動態，更新我們的產品和服務。
- 我們的目標是提供客戶最滿意的產品和服務，並建立長期的合作關係。

## 【情報視野】

- 市場需求趨勢分析，競爭對手銷售策略。
- 根據市場調查報告，本季度市場需求有以下特點：客戶更加注重產品的品質和功能，對於產品的價格和外觀較為靈活；客戶更傾向於線上購物，對於產品的配送和售後服務有較高的要求；客戶更容易受到社交媒體和網紅的影響，對於產品的評價和推薦有較大的信任。

### 8.2.5 員工教育訓練

員工教育訓練的課程設計、訓練方法和工具的週報指令如下：

使用 Copilot 編寫草稿   &times;

我要產生本週週報：
季度銷售目標達成情況
情境：員工教育計劃
* 主線任務：設計教育計劃課程與實施。
 * 目標達成情況：教育計劃課程設計完成與啟動。
 * 原因分析：教育計劃需求分析全面，課程設計合理。
 * 下一步行動：進一步推廣，確保全員參與。
* 決策思路：根據員工需求和公司發展方向設計課程。
* 情報視野：最新訓練方法和工具，行業訓練趨勢。
內文標題參照：
【本週任務】

628 / 2000

產生

員工教育訓練的初稿：

# 本週週報

## 季度銷售目標達成情況

# 【本週任務】

- 主線任務：設計教育計劃課程與實施。
- 目標達成情況：教育計劃課程設計完成與啟動，本週共有50名員工參與了課程，平均滿意度達到4.8分（滿分5分）。
- 原因分析：教育計劃需求分析全面，課程設計合理，內容豐富，形式多樣，符合員工的學習風格和興趣。
- 下一步行動：進一步推廣，確保全員參與，並收集員工的反饋和建議，持續優化課程內容和效果。

# 【決策思路】

根據員工需求和公司發展方向設計課程，旨在提升員工的銷售技能和客戶服務水平，增強員工的信心和滿意度，促進銷售業績的提升和客戶的忠誠度。

# 【情報視野】

- 最新訓練方法和工具：本週學習了如何使用線上教學平台和互動工具，如 Zoom，Mentimeter，Kahoot等，提高課程的互動性和趣味性。
- 行業訓練趨勢：本週關注了銷售行業的最新訓練趨勢，如情境模擬，角色扮演，故事敘事，案例分析等，增加課程的實用性和參與感。

## 8.2.6 新市場拓展專案

新市場拓展情況的研究進度以及制定策略內容週報指令：

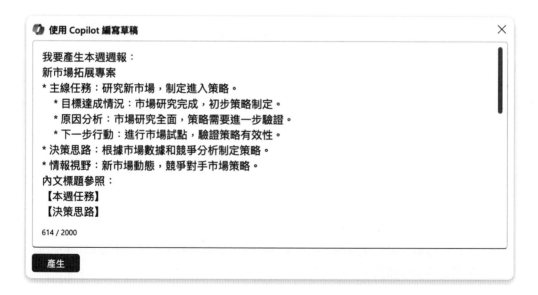

新市場拓展情況的研究進度以及制定策略內容週報初稿如下：

# 新市場拓展專案週報

## 【本週任務】

- 主線任務：研究新市場，制定進入策略。
- 目標達成情況：市場研究完成，初步策略制定。
- 原因分析：市場研究全面，策略需要進一步驗證。
- 下一步行動：進行市場試點，驗證策略有效性。

## 【決策思路】

- 根據市場數據和競爭分析制定策略。
- 市場數據：新市場規模，增長率，消費者需求，行業趨勢等。
- 競爭分析：競爭對手的市場佔有率，產品優勢，定價策略，營銷渠道等。
- 策略制定：根據市場機會和競爭優勢，確定目標客戶，產品定位，價格策略，推廣方式等。

## 【情報視野】

- 新市場動態：新市場的政策變化，消費者偏好，社會文化等。
- 競爭對手市場策略：競爭對手的新產品發佈，市場活動，客戶反饋等。

### 8.2.7 提升品牌知名度

提升品牌知名度的宣傳活動、增加品牌曝光的 prompt：

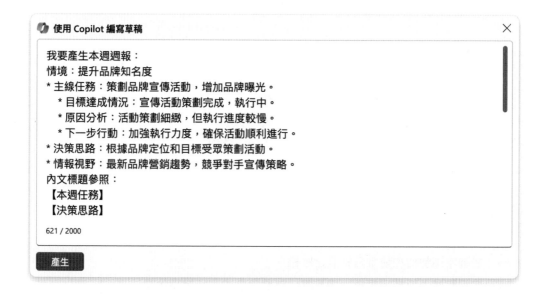

提升品牌知名度的宣傳活動、增加品牌曝光的週報初稿：

# 提升品牌知名度的週報

2024年6月13日

## 【本週任務】

- 主線任務：策劃品牌宣傳活動，增加品牌曝光。
- 目標達成情況：宣傳活動策劃完成，執行中。
- 原因分析：活動策劃細緻，但執行進度較慢。
- 下一步行動：加強執行力度，確保活動順利進行。

## 【決策思路】

- 根據品牌定位和目標受眾策劃活動。
- 活動主題為「品牌故事」，通過線上線下的互動方式，讓消費者了解品牌的背景、理念和價值。
- 活動內容包括品牌故事視頻、網紅直播、消費者分享、線下體驗等。
- 活動預算為10萬元，預計可吸引5萬人次參與，提升品牌知名度20%。

## 【情報視野】

- 最新品牌營銷趨勢：品牌故事是提升品牌認同和忠誠度的有效手段，消費者更關注品牌的人文和情感，而不僅僅是產品和服務。
- 競爭對手宣傳策略：競爭對手A正在進行「品牌歷史」的宣傳活動，通過展示品牌的發展軌跡，傳達品牌的穩定和可靠。競爭對手B正在進行「品牌未來」的宣傳活動，通過展示品牌的創新和領先，傳達品牌的前瞻和優勢。
- 我們的差異化：我們的品牌故事不僅回顧過去，也展望未來，更重視當下，展示品牌與消費者的互動和聯繫，傳達品牌的溫度和人性。

### 8.2.8 內部流程優化專案

公司內部流程優化的週報指令：

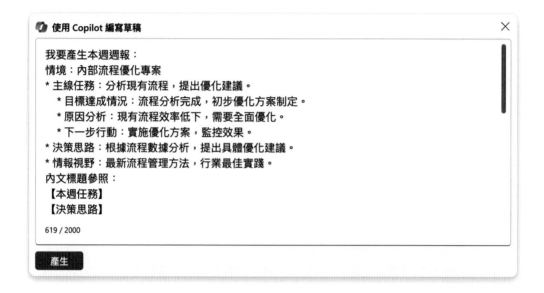

內部流程優化的專案週報初稿，包含流程建議及分析過程：

# 內部流程優化專案週報

## 2024年6月13日

## 【本週任務】

- 主線任務：分析現有流程，提出優化建議。
- 目標達成情況：流程分析完成，初步優化方案制定。
- 原因分析：現有流程效率低下，需要全面優化。
- 下一步行動：實施優化方案，監控效果。

流程分析過程：

使用流程圖工具繪製現有流程，標註各個環節的負責人、時間、成本、問題等。

根據流程圖，找出流程中的瓶頸、重複、浪費、風險等問題，並進行分類和排序。

針對每個問題，提出改善措施，並評估改善後的效果和影響。

將改善措施整合成一個優化方案，並繪製優化後的流程圖，以便對比和展示。

流程分析結果：

現有流程共有15個環節，平均耗時12小時，成本5000元，問題數量23個。

優化方案共有10個環節，預計耗時8小時，成本3000元，問題數量減少至10個。

優化方案的主要改善措施包括：簡化審批流程，減少重複工作，標準化輸入輸出，增加自動化和數據化，提高溝通和協作效率。

內部優化流程的決策思路與外界情報的蒐集初稿如下：

## 【決策思路】

- 在提出優化方案時，我們參考了以下的決策思路：
- 以客戶需求和滿意度為導向，將流程的目標和指標與客戶的期望和反饋相對應。
- 以數據為依據，將流程的各個環節和問題用數據量化和可視化，以便分析和改

善。
- 以效果為驗證，將流程的改善措施和優化方案用實驗和測試來驗證，以確保改善後的流程能達到預期的效果。

## 【情報視野】

- 在進行流程分析和優化時，我們參考了以下的情報視野：
- 最新流程管理方法：我們學習了[URL]這個網站上的流程管理課程，了解了流程管理的基本概念、方法和工具，並運用到我們的專案中。
- 行業最佳實踐：我們參考了[URL]這個網站上的行業報告，瞭解了我們所處的行業的流程特點、挑戰和趨勢，並借鑒了一些優秀的流程案例和經驗。

## 8.2.9 客戶關係管理

客戶關係管理的週報初稿指令：

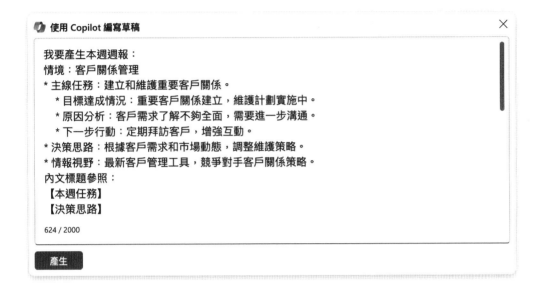

客戶關係管理的初稿生成內容：

# 客戶關係管理週報

### 2024年6月13日

## 【本週任務】

- 主線任務：建立和維護重要客戶關係。
- 目標達成情況：本週完成了5個重要客戶的拜訪，其中3個客戶已經同意續約，2個客戶正在商談合作細節。
- 原因分析：本週的目標達成情況較上週有所提升，主要原因是通過多渠道的溝通，更加了解客戶的需求和痛點，並提供了更加貼合的解決方案。
- 下一步行動：下週將繼續跟進2個正在商談的客戶，並安排2個新的客戶拜訪，同時收集客戶的反饋和建議，優化維護策略。

## 【決策思路】

- 根據客戶需求和市場動態，調整維護策略，主要包括以下幾點：
- 增加客戶的忠誠度和黏性，通過定期的回訪和問卷調查，了解客戶的滿意度和需求變化，並提供相應的優惠和增值服務。
- 擴大客戶的覆蓋面和深度，通過參與行業活動和網絡推廣，拓展潛在客戶的資源，並通過深入的分析和溝通，提升客戶的信任和合作意願。
- 提高客戶的轉化率和收益，通過精準的定位和定價，提供符合客戶預算和需求的方案，並通過有效的談判和合同管理，確保客戶的簽約和付款。

情報視野可協助撰寫週報的我們自己與閱讀者知道外界發展：

# 【情報視野】

- 最新客戶管理工具：本週了解了幾款新的客戶管理工具，包括CRM系統、數據分析平台和社交媒體工具，這些工具可以幫助我們更好地管理客戶資料，追蹤客戶行為，並提高客戶互動和轉化。
- 競爭對手客戶關係策略：本週觀察了幾個競爭對手的客戶關係策略，發現他們主要通過以下幾種方式來吸引和留住客戶：1) 提供免費試用和體驗，讓客戶感受產品和服務的價值；2) 提供個性化和定制化的方案，讓客戶感受到專屬和尊

重；3) 提供忠誠計劃和獎勵制度，讓客戶感受到回饋和認可。

## 8.2.10 產品改進專案

產品改進專案的週報 prompt 如下：

---

**✦ 使用 Copilot 編寫草稿**　　　　　　　　　　　　　✕

我要產生本週週報：
情境：產品改進專案
* 主線任務：收集產品反饋，提出改進方案。
　* 目標達成情況：反饋收集完成，改進方案初步制定。
　* 原因分析：產品問題點較多，需要全面改進。
　* 下一步行動：細化改進方案，逐步實施。
* 決策思路：根據客戶反饋和市場需求，制定改進方案。
* 情報視野：競爭對手產品分析，新技術應用。
內文標題參照：
【本週任務】
【決策思路】

616 / 2000

產生

---

產品改進專案的週報初稿：

# 產品改進專案週報

## 2024年6月13日

## 【本週任務】

- 主線任務：收集產品反饋，提出改進方案。
- 目標達成情況：反饋收集完成，改進方案初步制定。
- 原因分析：產品問題點較多，需要全面改進。
- 下一步行動：細化改進方案，逐步實施。

## 【決策思路】

- 根據客戶反饋和市場需求，制定改進方案。
- 客戶反饋：本週收集了100份客戶問卷，分析出產品的優點和缺點，並整理出客戶的期待和建議。
- 市場需求：本週調研了5個競爭對手的產品，比較了功能、價格、品質和體驗，並找出了我們產品的差異和優勢。
- 改進方案：根據客戶反饋和市場需求，制定了以下改進方案：
- 增加產品的易用性和互動性，提高客戶的使用滿意度。
- 優化產品的性能和穩定性，減少客戶的使用困難和投訴。
- 創新產品的功能和設計，增加客戶的使用價值和忠誠度。

# 【情報視野】

- 競爭對手產品分析：本週分析了以下競爭對手的產品：
- 產品A：功能豐富，價格高，品質一般，體驗差。
- 產品B：功能簡單，價格低，品質好，體驗一般。
- 產品C：功能平衡，價格適中，品質優，體驗好。
- 產品D：功能創新，價格昂貴，品質差，體驗極差。
- 產品E：功能傳統，價格便宜，品質低，體驗差。

## 8.2.11 年度績效評估

關於年度績效評估的改進方案下達指令：

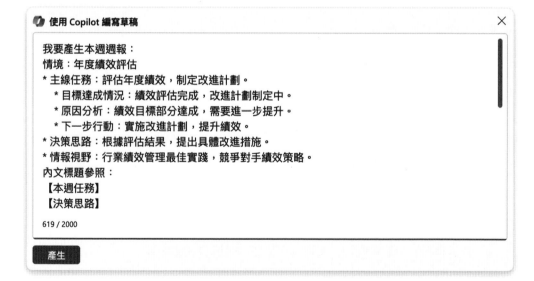

年度績效評估週報初稿：

# 本週週報

## 情境：年度績效評估

# 【本週任務】

- 主線任務：評估年度績效，制定改進計劃。
- 目標達成情況：本週完成了對全年工作的績效評估，根據評估標準和指標，對自己的工作成果和不足進行了客觀分析。
- 原因分析：根據評估結果，我發現自己在以下幾個方面有待提升：
- 時間管理：有時候會因為緊急的事項而打亂原定的工作計劃，導致部分任務延期或質量下降。
- 溝通協作：有時候會因為忙於自己的工作而忽略了與同事或客戶的及時溝通，導致信息不對稱或需求不明確。
- 創新思維：有時候會因為固守舊有的工作方式而缺乏創新和嘗試，導致工作效率和效果不理想。

下一步行動：根據原因分析，我制定了以下改進計劃：

時間管理：制定合理的工作計劃，並根據事項的重要性和緊急性進行優先排序，避免拖延和混亂。

溝通協作：主動與同事或客戶保持良好的溝通，及時匯報工作進展和問題，明確需求和期望，尋求幫助和反饋。

創新思維：積極學習新的工作方法和技能，嘗試不同的解決方案，提出創新的建議和意見。

接下來的決策思路和情報視野分段說明：

# 【決策思路】

- 根據年度績效評估結果，我提出了以下具體的改進措施：
- 時間管理：使用時間管理工具，如日程表、待辦事項清單、時間日誌等，來規劃和追蹤自己的工作時間，並定期檢查和調整。
- 溝通協作：使用溝通協作工具，如電子郵件、即時通訊、視頻會議等，來保持和增進與同事或客戶的溝通，並建立有效的反饋機制。

- 創新思維：使用創新思維工具，如思維導圖、思考帽、六頂思考帽等，來激發和發展自己的創新思維，並將創新的想法轉化為實際的行動。

# 【情報視野】

- 本週我關注了以下幾個方面的情報：
- 行業績效管理最佳實踐：通過閱讀相關的書籍、文章、報告等，我了解了一些行業內的績效管理的最佳實踐，如SMART原則、OKR方法、平衡計分卡等，並嘗試將其運用到自己的工作中。

## 8.2.12 新技術研發專案

新技術研發專案的週報 prompt：

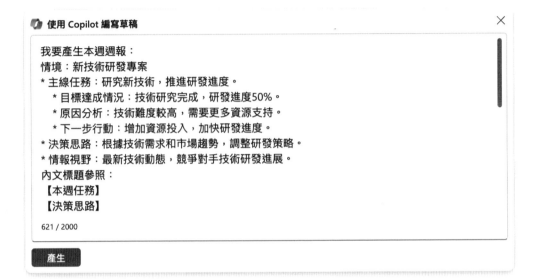

新技術研發專案的週報初稿：

# 新技術研發專案週報

2024年6月13日

## 【本週任務】

- 主線任務：研究新技術，推進研發進度。
- 目標達成情況：技術研究完成，研發進度50%。
- 原因分析：技術難度較高，需要更多資源支持。
- 下一步行動：增加資源投入，加快研發進度。

## 【決策思路】

- 根據技術需求和市場趨勢，調整研發策略。
- 分析新技術的優勢和潛力，制定研發目標和路線圖。
- 與相關部門協調，確保研發資源的充分利用和配合。
- 定期檢視研發進展和成果，及時解決問題和風險。

## 【情報視野】

- 最新技術動態：關注國內外新技術的發展和應用，學習和借鑒先進經驗和方法。
- 競爭對手技術研發進展：分析競爭對手的技術研發方向和優勢，找出差距和機會。

### 8.2.13 市場推廣活動

市場推廣活動的週報指令：

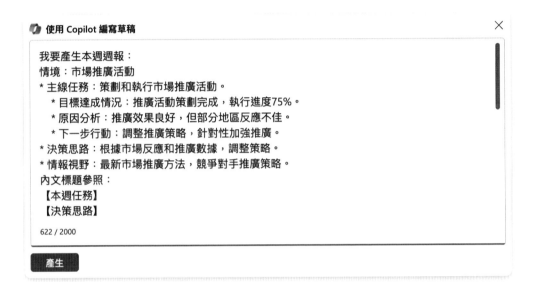

市場推廣活動週報有提及活動執行進度達成率，說明有具體的數字會讓閱讀者好理解：

# 市場推廣活動週報

### 2024年6月13日

## 【本週任務】

- 主線任務：策劃和執行市場推廣活動。
- 目標達成情況：推廣活動策劃完成，執行進度75%。
- 原因分析：推廣效果良好，但部分地區反應不佳。主要原因是地區差異、消費習慣和競爭對手的影響。

- 下一步行動：調整推廣策略，針對性加強推廣。具體措施包括：增加地區性廣告投放、優化產品介紹和優惠活動、加強與當地合作夥伴的聯繫和溝通。

# 【決策思路】

- 根據市場反應和推廣數據，調整策略。主要依據以下數據來源：
- 推廣活動的點擊率、轉化率、成交率和客戶滿意度。
- 市場調查報告和消費者評論。
- 競爭對手的推廣策略和市場佔有率。

根據數據分析，發現以下問題和機會：

問題：部分地區的推廣效果不佳，主要是因為產品定位和訴求不符合當地消費者的需求和偏好，以及競爭對手的優勢和壓力。

機會：部分地區的推廣效果良好，主要是因為產品特色和優勢得到了消費者的認可和喜愛，以及與當地合作夥伴的良好關係和支持。

根據問題和機會，制定以下策略和行動：

策略：針對不同地區的消費者特徵和需求，制定差異化的推廣策略，突出產品的核心價值和優勢，增加消費者的認知和信任。

行動：增加地區性廣告投放，優化產品介紹和優惠活動，加強與當地合作夥伴的聯繫和溝通。

# 【情報視野】

- 最新市場推廣方法：參考了以下幾個市場推廣的最新方法和案例，學習了如何運用社群媒體、影音內容、網紅合作等方式來提升品牌知名度和影響力。
- [URL]社群媒體推廣的七大趨勢和策略
- [URL]影音內容推廣的五大秘訣和案例
- [URL]網紅合作推廣的四大原則和實踐

競爭對手推廣策略：分析了以下幾個競爭對手的推廣策略和優缺點，了解他們的市場定位和優勢，以及我們可以學習和改進的地方。

競爭對手A：主打產品的品質和安全性，廣告主要針對家庭和中高收入消費者，優點是形象穩重可靠，缺點是缺乏創新和活力。

競爭對手B：主打產品的創新和多樣性，廣告主要針對年輕和潮流消費者，優點是形象時尚前衛，缺點是缺乏穩定和忠誠度。

競爭對手C：主打產品的價格和實惠性，廣告主要針對大眾和低收入消費者，優點是形象親民和平易近人，缺點是缺乏品牌力和差異化。

## 8.2.14 供應鏈專案管理

供應鏈管理的週報：

---

**✈️ 使用 Copilot 編寫草稿**     ✕

我要產生本週週報：
情境：供應鏈管理專案
* 主線任務：分析供應鏈，提出優化建議。
 * 目標達成情況：供應鏈分析完成，初步優化方案制定。
 * 原因分析：供應鏈效率低下，需要全面優化。
 * 下一步行動：實施優化方案，監控效果。
* 決策思路：根據供應鏈數據分析，提出具體優化建議。
* 情報視野：最新供應鏈管理方法，行業最佳實踐。
內文標題參照：
【本週任務】
【決策思路】

619 / 2000

產生

---

供應鏈管理專案週報初稿：

# 供應鏈管理專案週報

## 2024年6月13日

# 【本週任務】

- 主線任務：分析供應鏈，提出優化建議。
- 目標達成情況：本週完成了供應鏈的全面分析，包括供應商、物流、庫存、需求、成本等各個環節，並制定了初步的優化方案，涉及供應商選擇、物流路線、庫存管理、需求預測等方面。
- 原因分析：供應鏈效率低下，主要原因有以下幾點：
- 供應商數量過多，導致管理成本高，質量不穩定，風險增加。
- 物流路線過於複雜，導致運輸時間長，費用高，服務水準低。
- 庫存管理不合理，導致庫存過高或過低，影響現金流和客戶滿意度。
- 需求預測不準確，導致供需失衡，造成浪費或缺貨。

下一步行動：實施優化方案，監控效果。

與主要供應商簽訂長期合作協議，減少供應商數量，提高質量和穩定性，降低成本和風險。

優化物流路線，選擇更快捷、更經濟、更可靠的運輸方式，提高服務水準，減少運輸時間和費用。

採用先進的庫存管理系統，根據需求和銷售數據，動態調整庫存水平，避免庫存過高或過低，提高現金流和客戶滿意度。

供應鏈的決策思路與情報視野：

使用人工智慧和大數據技術，提高需求預測的準確性，實現供需平衡，減少浪費或缺貨。

# 【決策思路】

- 根據供應鏈數據分析，提出具體優化建議。
- 數據分析：使用供應鏈分析工具，對供應鏈的各個環節進行數據收集、整理、分析和評估，找出供應鏈的優勢和劣勢，以及潛在的改進空間。
- 優化建議：根據數據分析的結果，針對供應鏈的不同環節，提出具體的優化建議，並評估優化方案的可行性、成本效益和風險。

# 【情報視野】

- 最新供應鏈管理方法，行業最佳實踐。
- 最新供應鏈管理方法：關注國內外最新的供應鏈管理理論和方法，如敏捷供應鏈、綠色供應鏈、智慧供應鏈等，學習其優點和適用場景，並嘗試將其運用到實際工作中。
- 行業最佳實踐：參考國內外同行業或相關行業的供應鏈管理案例，分析其成功和失敗的原因，借鑒其經驗和教訓，並尋找可供參考或借鑒的地方。

### 8.2.15 數據分析系統開發專案

數據分析系統開發的週報指令：

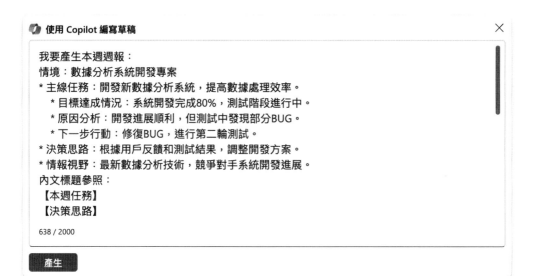

數據分析系統開發專案的週報初稿，測試發現 Bug 有提及明確下一步行動：

# 數據分析系統開發專案週報

2024年6月13日

## 【本週任務】

- 主線任務：開發新數據分析系統，提高數據處理效率。
- 目標達成情況：系統開發完成80%，測試階段進行中。
- 原因分析：開發進展順利，但測試中發現部分BUG，主要涉及數據庫連接和數據視覺化的問題。
- 下一步行動：修復BUG，進行第二輪測試，預計6月20日完成測試，6月25日交付用戶驗收。

## 【決策思路】

- 根據用戶反饋和測試結果，調整開發方案，優化數據分析系統的功能和性能。
- 增加數據分析系統的用戶友好度，提供更多的數據展示和操作選項，方便用戶自定義數據分析需求。
- 與用戶保持密切溝通，及時了解用戶的需求變化和滿意度，確保系統開發符合用戶期望。

## 【情報視野】

- 最新數據分析技術：了解了國內外最新的數據分析技術和應用案例，如機器學習、深度學習、數據挖掘等，為系統開發提供參考和靈感。
- 競爭對手系統開發進展：關注了競爭對手的數據分析系統開發進展和市場佔有率，分析了競爭優勢和劣勢，為系統開發提供借鑒和改進。

## 8.2.16 新客戶開發計畫

新客戶開發計畫進度週報：

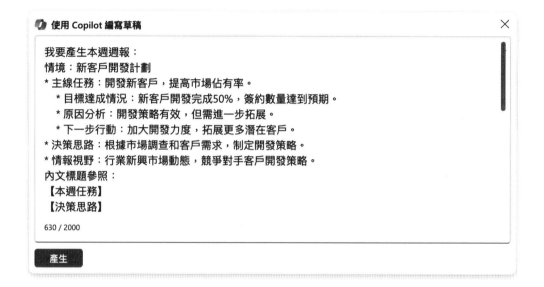

新客戶開發要提及具體績效，並非說明拜訪多少位客戶即可，而是以成果為報告核心，就算沒簽約，但離簽約目標多遠都可說明：

# 新客戶開發計劃週報

## 2024年6月13日

## 【本週任務】

- 主線任務：開發新客戶，提高市場佔有率。
- 目標達成情況：本週共開發了20個新客戶，其中10個已簽約，新客戶開發完成度達到50%，簽約數量達到預期。
- 原因分析：開發策略有效，通過市場調查和客戶需求分析，針對不同類型的客戶提供個性化的解決方案，提高了客戶的信任和滿意度。
- 下一步行動：加大開發力度，拓展更多潛在客戶，提高轉化率，同時加強與已簽約客戶的溝通和服務，確保客戶忠誠度和回購率。

## 【決策思路】

- 根據市場調查和客戶需求，制定開發策略，分為以下幾個步驟：
- 1. 確定目標市場和客戶群，分析市場規模和潛力，評估競爭優勢和劣勢。
- 2. 制定開發方案，包括產品或服務的特點和優勢，價格和促銷策略，渠道和配送方式，售後服務和保障措施。
- 3. 執行開發計劃，通過電話、郵件、社交媒體等方式聯繫潛在客戶，介紹產品或服務，邀請客戶參加線上或線下的展示或演示，回答客戶的疑問和反饋，建立信任和關係。
- 4. 跟進開發結果，通過定期回訪或發送問卷等方式，了解客戶的滿意度和需求，解決客戶的問題和困難，促進客戶的決策和簽約，提供客戶的建議和意見。

情報視野有列入分析競爭對手的動向，該情報對日後開發新市場很有幫助：

# 【情報視野】

- 行業新興市場動態：根據最新的行業報告，我們所處的產業正在面臨新的市場機遇和挑戰，隨著科技的發展和消費者的變化，新的需求和趨勢正在形成，我們需要及時關注和適應，抓住先機，創造差異化。

- 競爭對手客戶開發策略：通過對競爭對手的分析，我們發現他們在客戶開發方面有以下的特點和策略，我們可以從中學習和借鑒，同時避免模仿和拷貝，保持自己的特色和優勢。
- 1. 競爭對手A：他們的客戶開發策略是以產品質量和技術為核心，強調產品的功能和性能，以及對客戶的價值和效益，他們的優勢是產品的可靠性和專業性，他們的劣勢是產品的創新性和靈活性。
- 2. 競爭對手B：他們的客戶開發策略是以價格和促銷為核心，強調產品的便宜和實惠，以及對客戶的節省和優惠，他們的優勢是產品的競爭力和吸引力，他們的劣勢是產品的品牌和忠誠度。
- 3. 競爭對手C：他們的客戶開發策略是以服務和關係為核心，強調產品的體驗和感受，以及對客戶的關懷和支持，他們的優勢是產品的人性化和溫暖化，他們的劣勢是產品的標準化和一致化。

## 8.2.17 內部培訓和發展計畫

內部培訓和發展計畫：

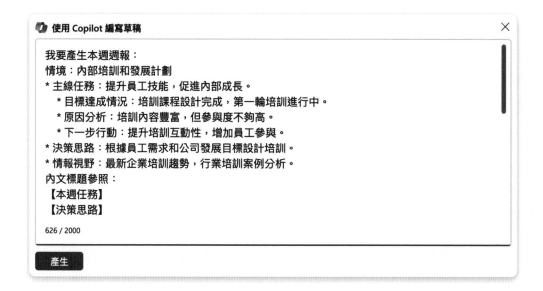

內部培訓和發展計畫初稿：

# 內部培訓和發展計劃週報

2024年6月13日

## 【本週任務】

- 主線任務：提升員工技能，促進內部成長。
- 目標達成情況：培訓課程設計完成，第一輪培訓進行中。
- 原因分析：培訓內容豐富，但參與度不夠高。根據課程回饋，員工反映培訓時間過長，內容過於理論，缺乏實踐和互動。

- 下一步行動：提升培訓互動性，增加員工參與。具體措施包括：縮短培訓時長，增加案例分析和討論環節，設計小測驗和獎勵機制，邀請優秀員工分享經驗和心得。

# 【決策思路】

- 根據員工需求和公司發展目標設計培訓。在培訓前，進行員工問卷調查，了解員工的學習需求和興趣，分析員工的技能缺口和潛力，制定培訓目標和內容。
- 選擇合適的培訓方式和資源。考慮到員工的時間和地點限制，採用線上培訓的方式，利用視頻、音頻、文本等多媒體資源，提高培訓的可及性和效率。
- 評估培訓效果和反饋。在培訓後，進行培訓滿意度調查，收集員工的意見和建議，分析培訓的優缺點，不斷改進培訓質量和效果。

# 【情報視野】

- 最新企業培訓趨勢：根據《2024年企業培訓報告》，當前企業培訓的主要趨勢有：個性化培訓、微學習、遊戲化培訓、社交學習、移動學習等。這些趨勢體現了培訓的靈活性、高效性和趣味性，能夠滿足不同員工的學習需求和偏好，提高培訓的吸引力和轉化率。[URL]
- 行業培訓案例分析：根據《2024年行業培訓案例匯編》，本行業的優秀培訓案例有：XX公司的員工成長計劃、YY公司的員工創新培訓、ZZ公司的員工領導力培訓等。這些案例展示了如何根據公司的願景和戰略，以及員工的職業發

### 8.2.18 年度財務報告準備

年度財務報告準備指令：

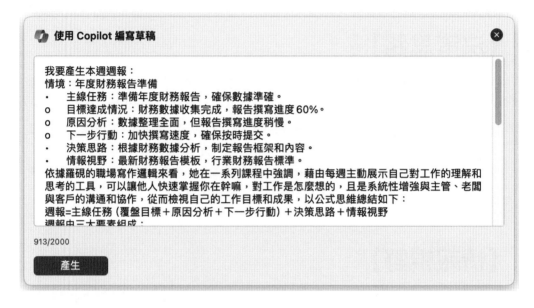

年度財務報告準備週報初稿：

# 本週週報

情境：年度財務報告準備

# 【本週任務】

- 主線任務：準備年度財務報告，確保數據準確。
- 目標達成情況：財務數據收集完成，報告撰寫進度60%。
- 原因分析：數據整理全面，但報告撰寫進度稍慢，主要原因是報告模板和內容設計較為複雜，需要多次修改和調整。
- 下一步行動：加快撰寫速度，優化報告結構和表達，確保按時提交。

# 【決策思路】

- 根據財務數據分析,制定報告框架和內容,主要包括以下幾個部分:
- 報告簡介:概述報告的目的、範圍、方法和主要發現。
- 財務績效:展示本年度的營收、成本、利潤、現金流等關鍵指標,並與上一年度和預算進行對比分析,說明差異的原因和影響。
- 財務風險:評估本年度的財務風險,包括債務、資產負債率、應收帳款、存貨等方面,並提出風險控制和應對措施。
- 財務展望:預測下一年度的財務目標和計劃,包括營收增長、成本降低、利潤提升、現金流改善等方面,並給出相應的財務策略和建議。

# 【情報視野】

- 最新財務報告模板:參考了國際財務報告準則(IFRS)和中國會計準則(CAS)的要求,以及行業內的優秀案例,設計了一套適合本公司的財務報告模板,既符合規範,又突出特色。
- 行業財務報告標準:通過收集和分析同行業的財務報告,了解了行業的財務狀況和趨勢,以及行業內的財務指標和基準,為本公司的財務報告提供了參考和借鑒。

## 8.2.19 客戶服務提升專案

客戶服務提升專案週報指令：

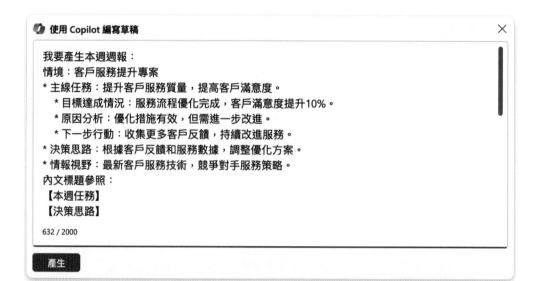

客戶服務提升專案的週報初稿：

# 客戶服務提升專案週報

## 2024年6月13日

## 【本週任務】

- 主線任務：提升客戶服務質量，提高客戶滿意度。
- 目標達成情況：服務流程優化完成，客戶滿意度提升10%。
- 原因分析：優化措施有效，但需進一步改進。主要原因有以下幾點：
- 服務人員的培訓和考核機制仍需完善，以提高服務水準和一致性。
- 服務流程中仍存在一些瓶頸和低效環節，需要進行更細緻的分析和調整。
- 客戶的需求和期望不斷變化，需要持續關注和滿足。

下一步行動：收集更多客戶反饋，持續改進服務。具體措施如下：

設置客戶滿意度調查表，定期發送給客戶，並對反饋進行分類和分析。

增加服務人員的培訓頻率和內容，加強服務技能和態度的考核和獎懲。

對服務流程進行再梳理，找出問題點和改進點，並制定實施方案。

關注行業動態和客戶需求，不斷創新和優化服務。

## 【決策思路】

本週的決策思路主要是根據客戶反饋和服務數據，調整優化方案。具體如下：

- 根據客戶反饋，發現客戶對於服務人員的態度和專業度較為關注，因此決定加大對服務人員的培訓和考核力度，提高服務質量。
- 根據服務數據，發現服務流程中存在一些耗時和低效的環節，如客戶等待時間過長，服務人員重複詢問客戶信息等，因此決定對服務流程進行再梳理，簡化

決策思路和情報視野如下：

和優化流程，提高服務效率。

- 根據行業動態和客戶需求，發現客戶對於服務的多樣性和個性化有較高的期望，因此決定關注最新的客戶服務技術，並根據客戶的不同需求，提供更多的服務選項和方案，提高服務滿意度。

# 【情報視野】

本週的情報視野主要是關注最新的客戶服務技術，以及競爭對手的服務策略。具體如下：

- 最新的客戶服務技術：[URL]這篇文章介紹了一些最新的客戶服務技術，如人工智能、機器人、雲端服務等，並分析了它們對客戶服務的影響和優勢。我認為我們可以從中學習和借鑒，將這些技術應用到我們的服務中，提高服務的智能化和便捷性。
- 競爭對手的服務策略：[URL]這篇文章比較了我們的主要競爭對手的服務策略，如服務品質、服務範圍、服務價格等，並指出了我們的優勢和劣勢。我認為我們可以從中了解和分析競爭對手的服務優勢，並尋找我們的服務差異化和特色，提高服務的競爭力和吸引力。

## 8.2.20 公司網站改版專案

公司網站改版專案進度週報：

---

⚪ **使用 Copilot 編寫草稿**                                    ✕

我要產生本週週報：
情境：公司網站改版專案
* 主線任務：改版公司網站，提高用戶體驗。
　* 目標達成情況：網站設計完成90%，測試階段進行中。
　* 原因分析：設計團隊工作高效，但測試中發現部分問題。
　* 下一步行動：修正問題，進行最終測試。
* 決策思路：根據用戶需求和反饋，設計改版方案。
* 情報視野：最新網站設計趨勢，競爭對手網站分析。
內文標題參照：
【本週任務】
【決策思路】

626 / 2000

[ 產生 ]

---

公司網站改版週報初稿：

# 公司網站改版專案週報
## 2024年6月13日

## 【本週任務】

- 主線任務：改版公司網站，提高用戶體驗。
- 目標達成情況：網站設計完成90%，測試階段進行中。
- 原因分析：設計團隊工作高效，但測試中發現部分問題，如網站速度過慢、兼容性不佳、用戶反饋不足等。
- 下一步行動：修正問題，進行最終測試，預計下週完成網站上線。

## 【決策思路】

- 根據用戶需求和反饋，設計改版方案，主要包括以下幾個方面：
- 網站風格：選擇清新、簡潔、專業的風格，符合公司形象和品牌定位。
- 網站結構：優化網站導航，減少用戶點擊次數，提高用戶體驗。
- 網站內容：增加網站的互動性和引導性，設置更多的調查、評論、分享等功能，收集用戶的意見和建議。
- 網站技術：使用最新的網站開發技術，提高網站的安全性、穩定性和兼容性，適應不同的設備和瀏覽器。

情報視野段落如下：

## 【情報視野】

- 最新網站設計趨勢：參考了國內外的網站設計趨勢報告，發現以下幾個特點：
- 網站設計越來越注重用戶體驗，以用戶為中心，提供個性化、智能化、人性化的服務。
- 網站設計越來越注重網站的故事性，以故事為核心，傳達網站的價值和理念。
- 網站設計越來越注重網站的美感，以美感為目標，創造獨特的視覺效果和情感體驗。
- 競爭對手網站分析：分析了幾個與我們公司同行業的網站，發現以下幾個優缺點：

- 優點：網站設計新穎、時尚、有特色，吸引了不少用戶的關注和好評。
- 缺點：網站功能較為單一、簡陋，缺乏用戶的參與和互動，難以建立用戶的忠誠度和信任度。

# 9.群組發文

## ▋9.1 說明

群組發文公式 = 傳遞精準的訊息 + 還原情境

傳遞精準的訊息 + 還原情境的公式是一種適用於各種辦公室職場寫作的方法，它主要包括以下兩個方面：

傳遞精準的訊息：指的是在寫作中，明確地表達自己的目的、需求、意見或建議，並提供相關的細節、數據、依據或證據，讓對方能夠準確地抓住重點，並做出適當的回應。

還原情境：指的是在寫作中，盡量模擬和重現實際的工作場景，讓對方能夠感受到自己的處境和考量，並建立信任和共鳴。

這個公式的合理性在於，它能夠有效地解決辦公室職場寫作中常見的兩個問題，即訊息不清和情境不明。訊息不清指的是在寫作中，沒有清楚地表達自己的意圖和訊息，導致對方無法理解或產生誤解，從而影響溝通的效果。情境不明指的是在寫作中，沒有考慮到對方的背景和情況，導致對方無法感同身受或產生抵觸，從而影響溝通的關係。通過傳遞精準的訊息和還原情境，可以避免這兩個問題的發生，並提高寫作的說服力和影響力。

跟一對一訊息請示相比起來，它的對象是兩人以上的群體，必須思慮其他兩位你一言我一語的狀況。

特別是 Line 即時報告事項，很多人習慣拆成一句一句，一則訊息就說一件事情，分段而非一條一條，要事優先，列點分條說明，這跟一對一訊息請示的邏輯相同。

群組公開發文是一種常見的辦公室職場寫作，它通常用於向多人或整個團隊傳達一些重要的訊息或安排，例如會議、活動、計劃、任務等。在這種寫作中，如何運用傳遞精準的訊息 + 還原情境的公式，可以提高發文的效果和回應

率。以下是一個群組公開發文的例子，並對其進行分析：

「長官，您好，

我們計劃在【明天（5月31日）下午2點到3點】舉行一個會議，想請問您這段時間是否方便參加？

本次會議將在【第三會議室】進行，主要討論一個全新的產品與服務方向，預計會議時間為1小時。

會議內容包括：公司未來的市場趨勢分析、新產品與服務方向的構想，以及可能的市場策略。我們希望能聽取您的寶貴意見和建議。

我已經整理了一份關於新產品與服務方向的初步構想計劃，並提前發送至您的郵箱，請您在會前查閱。

請您確認是否能夠參加，感謝您的配合！」

這個發文的優點在於，它很好地運用了傳遞精準的訊息＋還原情境的公式，具體表現在：

傳遞精準的訊息：發文者在開頭就明確地表達了自己的目的，即邀請長官參加一個會議，並提供了會議的時間、地點、主題、內容和期望，讓長官能夠清楚地了解會議的重要性和價值，並做出決定。

還原情境：發文者在結尾處表示了自己的尊重和感激，並提前發送了一份相關的計劃，讓長官能夠感受到發文者的誠意和努力，並有足夠的時間和資料準備會議。

這個發文的效果是，它不僅能夠讓長官快速地獲得關鍵的訊息，並做出回應，也能夠讓長官感受到發文者的專業和負責，並建立良好的溝通關係。

## 9.2 範例

### 9.2.1 專案進度更新通知

　　我們撰寫針對專案進度更新的 Line 群組發言稿，傳遞專案 A 進入第 3 階段並要求同事在本週五前完成資料收集的訊息，並搭配群組發文邏輯：

> **◆ 使用 Copilot 編寫草稿**　　　　　　　　　　　　　　　　　　✕
>
> 生成一個針對專案進度更新的Line群組發言稿
> 主旨是傳遞專案A進入第3階段並要求同事在本週五前完成資料收集的訊息，要200中文字以內重點關鍵字或標題以內文標題參照：【】括號表示 內文參考以下邏輯：群組發文公式=傳遞精準的訊息+還原情境。跟一對一訊息請示相比起來，它的對象是兩人以上的群體，必須思慮其他兩位你一言我一語的狀況。特別是Line即時報告事項，很多人習慣拆成一句一句，一則訊息就說一件事情，分段而非一條一條，要事優先，列點分條說明，這跟一對一訊息請示的邏輯相同。群組公開發文是一種常見的辦公室職場寫作，它通常用於向多人或整個團隊傳達一些重要的訊息或安排，例如會議、活動、計劃、任務等。在這種寫作中，如何運用傳遞精準的訊息+還原情境的公式，可以提高發文的效果和回應率。以下是一個群組公開發文的例子，並對其進行分析：「長官，您好，我們計劃在【明天（5月31日）下午2點到3點】舉行一個會議，想請問您這段時間是否方便參加？本次會議將在【第三會議室】進行，主要討論一個全新的產品與
>
> 582 / 2000
>
> 產生

　　專案進度更新說明初稿：

【專案A進度更新】

親愛的同事們，大家好，我是專案A的負責人。在此，我要向大家報告一個好消息，我們的專案A已經順利進入第3階段，這是我們努力的成果，也是我們團隊的榮耀。我們的專案A是一個關於【簡述專案A的主要目標或內容】的計劃，它將對我們的公司和客戶帶來【簡述專案A的預期效益或影響】。在第3階段，我們的主要任務是完成資料收集，為下一階段的分析和報告做好準備。為了確保我們的專案能夠按時完成，我們需要在【本週五（6月17日）】前將所有的資料整理好並上傳到我們的共享資料夾。為了方便大家的工作，我已經在共享資料夾中建立了一個專案A的子資料夾，並將資料收集的指引和範例發送到大家的郵箱，請大家務必查閱並按照指引進行。如果有任何問題或困難，請及時與我聯繫，我會盡力協助。請大家在完成資料收集後，回覆本則訊息，讓我知道你們的進度。感謝大家的配合和貢獻，讓我們一起為專案A加油！

但初稿沒有清楚分段說明，因此在修正視窗中跟 Copilot 提及這件事：

〈 若要微調草稿，請新增一些詳細資料並重新產生

> 沒有清楚分段說明　　　　　　　　　　　　　　　　　　→

Copilot 依照分段指示產生下一版初稿：

【專案A進度更新】

親愛的同事們，我是專案A的負責人，我們的專案已經進入第3階段，這是我們的共同成就，也是我們的榮耀。

本次專案的目標是【簡述專案A的主要目標或內容】，預期對我們的公司和客戶產生【簡述專案A的預期效益或影響】。

第3階段的任務是完成資料收集，為下一階段的分析和報告做好準備。請大家在【本週五（6月17日）】前將所有的資料整理好並上傳到共享資料夾中的專案A子資料夾。

我已經將資料收集的指引和範例發送到大家的郵箱，請大家務必查閱並按照指引進行。如果有任何問題或困難，請及時與我聯繫，我會盡力協助。

請大家在完成資料收集後，回覆本則訊息，讓我知道你們的進度。感謝大家的配合和貢獻，讓我們一起為專案A加油！

## 9.2.2 產品研討會通知

產品研討通知發言稿，主旨是寫一個 Line 群組發言稿，通知團隊週五上午 10 點的產品研討會，包括會議主題和要求攜帶資料：

---

**使用 Copilot 編寫草稿** ✕

寫一個Line群組發言稿
主旨是通知團隊週五上午10點的產品研討會，包括會議主題和要求攜帶資料。
內文要200中文字以內
重點關鍵字或標題以【】括號表示
內文參考以下邏輯：群組發文公式=傳遞精準的訊息+還原情境。跟一對一訊息請示相比起來，它的對象是兩人以上的群體，必須思慮其他兩位你一言我一語的狀況。特別是Line即時報告事項，很多人習慣拆成一句一句，一則訊息就說一件事情，分段而非一條一條，要事優先，列點分條說明，這跟一對一訊息請示的邏輯相同。群組公開發文是一種常見的辦公室職場寫作，它通常用於向多人或整個團隊傳達一些重要的訊息或安排，例如會議、活動、計劃、任務等。在這種寫作中，如何運用傳遞精準的訊息+還原情境的公式，可以提高發文的效果和回應率。以下是一個群組公開發文的例子，並對其進行分析：「長官，您好，我們計劃在【明天（5

569 / 2000

**產生**

---

產品研討會通知的初稿：

**【產品研討會通知】**

各位團隊成員，您好，這裡是產品經理李明。我們將在【週五（6月13日）上午10點到11點】舉行一個產品研討會，請大家務必參加。本次會議將在【線上平台Zoom】進行，主要討論我們的新產品開發進度和問題，預計會議時間為1小時。會議內容包括：

- 新產品的市場定位和目標客群
- 新產品的功能設計和技術實現
- 新產品的測試和反饋
- 新產品的上線時間和推廣策略

初稿包含要求攜帶資料並發郵件：

請大家在會前準備好以下資料：

- 各自負責的新產品功能的進度報告和遇到的問題
- 新產品的使用者測試結果和意見
- 新產品的競爭分析和優勢

我已經將會議的議程和相關資料發送至大家的郵箱，請大家在會前查閱。請大家在今天下午5點前回覆是否能夠參加，並提供Zoom的帳號，我會在會前發送會議的連結。如果有任何疑問或建議，請隨時聯繫我。謝謝大家的配合！

## 9.2.3 團隊建設活動安排

團隊活動安排 Line 群組發言稿，主旨為告知本月 25 日公司團隊建設活動的時間和地點，並請大家提前安排好工作參加：

---

🅿️ 使用 Copilot 編寫草稿　　　　　　　　　　　　　　　　　✕

寫一個Line群組發言稿
主旨是告知本月25日公司團隊建設活動的時間和地點，並請大家提前安排好工作參加
內文要200中文字以內
重點關鍵字或標題以【】括號表示
內文參考以下邏輯： 群組發文公式＝傳遞精準的訊息＋還原情境。跟一對一訊息請示相比起來，它的對象是兩人以上的群體，必須思慮其他兩位你一言我一語的狀況。特別是Line即時報告事項，很多人習慣拆成一句一句，一則訊息就說一件事情，分段而非一條一條，要事優先，列點分條說明
以下是一個群組公開發文的例子參考：「長官，您好，我們計劃在【明天（5月31日）下午2點到3點】舉行一個會議，想請問您這段時間是否方便參加？本次會議將在【第三會議室】進行，主要討論一個全新的產品與服務方向，預計會議時間為1小時。會議內容包括：公司未來的市場

449 / 2000

產生

團隊活動初稿如下：

親愛的同事們，大家好，我是【人事部】的【王小明】，在此通知大家一件重要的事情。本月25日（星期五），我們公司將舉辦一場【團隊建設活動】，目的是增進大家的團隊合作和溝通能力，同時也放鬆一下身心，享受一下戶外的美好風光。活動的時間和地點如下：

- 時間：【上午9點到下午5點】
- 地點：【陽明山國家公園】

活動的內容包括：

- 【遊戲競賽】：我們將分成幾個小組，進行一些有趣的遊戲，比如接力賽跑、拔河、猜謎等，每個遊戲都有獎品，大家可以盡情的玩樂和展現自己的才能。
- 【自助野餐】：我們將在公園的草地上享用自助野餐，每個人可以自由選擇自己喜歡的食物，也可以互相分享，感受大自然的氣息和美味。
- 【心得分享】：我們將在活動結束前，進行一個簡短的心得分享，每個人可以講述自己在活動中的收穫和感受，也可以給予其他人一些正面的回饋和鼓勵。

初稿包含請大家用 email 回覆訊息：

這次活動是公司為了表揚大家的辛勤工作和優秀表現，特別安排的，希望大家都能參加，共同創造一個難忘的回憶。請大家在【本月20日（星期日）】之前，回覆本訊息，確認是否能夠參加，並告知自己的飲食偏好和過敏情況，以便我們做好相應的準備。如果有任何問題，請隨時聯繫我，我的電話號碼是【0912345678】，我的電子郵件是【wangxiaoming@company.com】。謝謝大家的配合，期待與大家見面！

## 9.2.4 系統升級緊急通知

關於系統升級說明，以 Line 群組發言稿撰寫緊急通知明天上午 9 點到 11 點的系統升級，要求同事提前儲存工作進度：

---

**使用 Copilot 編寫草稿**                                      ✕

寫一個Line群組發言稿
主旨是緊急通知明天上午9點到11點的系統升級，要求同事提前儲存工作進度
內文要200中文字以內
重點關鍵字或標題以【】括號表示
內文參考以下邏輯：群組發文公式=傳遞精準的訊息+還原情境。跟一對一訊息請示相比起來，它的對象是兩人以上的群體，必須思慮其他兩位你一言我一語的狀況。特別是Line即時報告事項，很多人習慣拆成一句一句，一則訊息就說一件事情，分段而非一條一條，要事優先，列點分條說明
以下是一個群組公開發文的例子參考：「長官，您好，我們計劃在【明天（5月31日）下午2點到3點】舉行一個會議，想請問您這段時間是否方便參加？本次會議將在【第三會議室】進行，主要討論一個全新的產品與服務方向，預計會議時間為1小時。會議內容包括：公司未來的市場

446 / 2000

產生

---

關於系統緊急通知的說明初稿：

### 【緊急通知】明天上午9點到11點的系統升級

親愛的同事們，您好，我在此通知您們一件重要的事情。明天（6月14日）上午9點到11點，我們的系統將進行升級，期間將無法使用電腦和網路。這次升級是為了提高系統的安全性和效率，希望您們能理解和支持。為了避免升級期間造成您們的工作進度丟失或延誤，請您們注意以下幾點：

- 今天下班前，請您們儲存好您們的所有工作檔案，並備份到雲端或外接硬碟。
- 明天上午9點到11點，請您們暫停使用電腦和網路，並避免進行任何會影響系統升級的操作。
- 明天上午11點，我們將通知您們系統升級完成，屆時您們可以恢復正常的工作。

如果您們有任何疑問或困難，請及時與我聯繫，我將盡力協助您們。謝謝您們的合作和配合！

## 9.2.5 例行會議提醒

關於編寫一個 Line 群組發言稿，提醒團隊今日下午 3 點的例行會議，並列出討論的主要議題：

---

**使用 Copilot 編寫草稿** ✕

寫一個Line群組發言稿
主旨是提醒團隊今日下午3點的例行會議，並列出討論的主要議題
內文要200中文字以內
重點關鍵字或標題以【】括號表示
內文參考以下邏輯：群組發文公式=傳遞精準的訊息+還原情境。跟一對一訊息請示相比起來，它的對象是兩人以上的群體，必須思慮其他兩位你一言我一語的狀況。特別是Line即時報告事項，很多人習慣拆成一句一句，一則訊息就說一件事情，分段而非一條一條，要事優先，列點分條說明
以下是一個群組公開發文的例子參考：「
長官，您好：
我們計劃在【明天（5月31日）下午2點到3點】舉行一個會議，想請問您這段時間是否方便參

448 / 2000

產生

---

會議提醒的初稿如下：

【今日例行會議提醒】

親愛的團隊成員，您好：

請記得今日下午3點我們有一個例行會議，請務必準時出席。

本次會議將在【Zoom線上會議室】進行，主要討論的議題有：

- 上週的工作進度回顧
- 本週的工作安排與目標
- 下週的工作預期與挑戰

我們希望能夠通過會議，共同檢視我們的工作成果，並找出需要改進的地方。

我已經將會議的議程和相關資料發送至大家的郵箱,請大家在會前瀏覽一下。

請大家確認收到訊息,並準備好會議所需的設備和資料。

期待與大家的交流,謝謝大家的配合!

## 9.2.6 新產品發布會通知

向全體成員通報下週一的新產品發布會時間和地點的發言稿指令:

---

🚀 使用 Copilot 編寫草稿　　　　　　　　　　　　　　×

寫一個Line群組發言稿
主旨是向全體成員通報下週一的新產品發布會時間和地點
內文要200中文字以內
重點關鍵字或標題以【】括號表示
內文參考以下邏輯: 群組發文公式=傳遞精準的訊息+還原情境。跟一對一訊息請示相比起來,它的對象是兩人以上的群體,必須思慮其他兩位你一言我一語的狀況。特別是Line即時報告事項,很多人習慣拆成一句一句,一則訊息就說一件事情,分段而非一條一條,要事優先,列點分條說明
以下是一個群組公開發文的例子參考:「
長官,您好:
我們計劃在【明天(5月31日)下午2點到3點】舉行一個會議,想請問您這段時間是否方便參

443 / 2000

產生

---

新產品發佈群組發文初稿:

親愛的群組成員,大家好:

我們即將在【下週一(6月14日)上午10點】推出一款全新的產品,這是我們公司的一個重大突破,也是我們團隊的共同努力的成果。

為了讓大家能夠親身體驗這款產品的優勢和特色,我們將在【公司一樓的展示廳】舉行一個新產品發布會,邀請所有的群組成員參加。

發布會的內容包括：產品的設計理念和創新功能的介紹，產品的操作演示和體驗，以及產品的市場定位和推廣策略。

我們希望能夠得到大家的支持和反饋，讓我們的產品能夠更好地滿足客戶的需求和期望。

我已經在群組裡分享了一份關於新產品的簡介和預告，請大家在發布會前查看，並準備好任何可能的問題或建議。

請大家確認是否能夠參加，並在【今天（6月13日）下午5點】前回覆，感謝大家的配合！

## 9.2.7 週報提交提醒

提醒同事在週五下班前提交本週工作報告，並簡述報告的內容要求的 Line 通知：

> 🔵 使用 Copilot 編寫草稿                                      ✕
>
> 寫一個Line群組發言稿
> 主旨是提醒同事在週五下班前提交本週工作報告，並簡述報告的內容要求
> 內文要200中文字以內
> 重點關鍵字或標題以【】括號表示
> 內文參考以下邏輯： 群組發文公式=傳遞精準的訊息+還原情境。跟一對一訊息請相比起來，它的對象是兩人以上的群體，必須思慮其他兩位你一言我一語的狀況。特別是Line即時報告事項，很多人習慣拆成一句一句，一則訊息就說一件事情，分段而非一條一條，要事優先，列點分條說明
> 以下是一個群組公開發文的例子參考：「
> 長官，您好：
> 我們計劃在【明天（5月31日）下午2點到3點】舉行一個會議，想請問您這段時間是否方便參
>
> 451 / 2000
>
> 產生

提醒同事的 Line 通知初稿：

大家好：

我在這裡提醒大家，請在【週五（6月14日）下班前】提交本週的工作報告，以便我們及時了解各項工作的進度和成果。

本週的工作報告的內容要求如下：

- 報告的格式為Word文檔，檔名為【姓名+工作報告+日期】，例如：王小明工作報告20240613.docx
- 報告的內容應包括以下幾個部分：本週完成的工作、本週遇到的困難和解決方案、下週的工作計劃和預期目標
- 報告的長度不超過【兩頁】，字體為【標楷體】，字號為【12】，行距為【1.5倍】
- 報告的截止時間為【週五下班前】，請將報告發送至我的郵箱：zhangli@company.com

請大家按照以上要求，認真撰寫本週的工作報告，並及時提交，以免影響下週的工作安排。

如果有任何疑問或困難，請及時與我聯繫，我會盡力協助你們。

謝謝大家的配合和努力！

## 9.2.8 專案成果分享會

通知團隊下週三上午 10 點的專案成果分享會,請相關同事準備好報告材料的指令:

---

**使用 Copilot 編寫草稿**  ✕

寫一個Line群組發言稿
主旨是通知團隊下週三上午10點的專案成果分享會,請相關同事準備好報告材料
內文要200中文字以內
重點關鍵字或標題以【】括號表示
內文參考以下邏輯: 群組發文公式=傳遞精準的訊息+還原情境。跟一對一訊息請示相比起來,它的對象是兩人以上的群體,必須思慮其他兩位你一言我一語的狀況。特別是Line即時報告事項,很多人習慣拆成一句一句,一則訊息就說一件事情,分段而非一條一條,要事優先,列點分條說明
以下是一個群組公開發文的例子參考:「
長官,您好:
我們計劃在【明天(5月31日)下午2點到3點】舉行一個會議,想請問您這段時間是否方便參

454 / 2000

產生

---

專案成果分享會的群組發言初稿:

親愛的團隊成員，大家好：

我們即將在【下週三（6月18日）上午10點】舉辦一場專案成果分享會，這是我們團隊經過數個月的努力，所完成的一項重要任務。

分享會將在【線上視訊平台】進行，我們將透過視訊連線，向公司的高層領導，展示我們的專案成果，並回答他們的提問。

分享會的內容包括：

- 專案的目標、背景和意義
- 專案的過程、方法和難點
- 專案的成果、效益和改善

初稿接續：

我們希望能夠展現我們團隊的專業和團結。

為了讓分享會順利進行，請各位相關同事，準備好以下的報告材料：

- 專案的簡報檔，包含圖表、數據和重點說明
- 專案的實際案例，包含視頻、圖片和操作演示
- 專案的問答準備，包含常見的疑問和解答

請各位在【下週一（6月16日）下午5點】前，將報告材料發送至我的郵箱，我將統一整理並檢查。

請各位確認收到此訊息，並按時完成報告材料，感謝大家的配合！

### 9.2.9 假期安排通知

告知大家即將到來的假期安排，並提醒提前完成重要工作的指令：

---

◢ 使用 Copilot 編寫草稿 ✕

寫一個Line群組發言稿
主旨是告知大家即將到來的假期安排，並提醒提前完成重要工作
內文要200中文字以內
重點關鍵字或標題以【】括號表示
內文參考以下邏輯： 群組發文公式=傳遞精準的訊息+還原情境。跟一對一訊息請示相比起來，它的對象是兩人以上的群體，必須思慮其他兩位你一言我一語的狀況。特別是Line即時報告事項，很多人習慣拆成一句一句，一則訊息就說一件事情，分段而非一條一條，要事優先，列點分條說明
以下是一個群組公開發文的例子參考：「
長官，您好：
我們計劃在【明天（5月31日）下午2點到3點】舉行一個會議，想請問您這段時間是否方便參

447 / 2000

產生

---

假期安排通知的初稿：

親愛的同事們，大家好：

我想藉此機會告知大家，我們即將迎來一個【連續九天的假期】，從【2024年6月15日】到【2024年6月23日】，我們可以好好放鬆一下，享受一些美好的時光。

但在此之前，我們還有一些【重要工作】需要提前完成，以免影響我們的假期品質，也為了確保我們的客戶滿意度。

我們需要在假期前完成的工作有：

- 向客戶發送假期通知，並告知我們的聯繫方式和緊急處理流程。
- 整理並提交我們的工作報告，包括進度、成果、問題和建議。
- 確認我們的工作設備和資料的安全性，並妥善保存。
- 回覆並處理所有未完成的郵件和訊息，並將重要的事項記錄下來。

假期安排初稿接續：

我們的工作是團隊的工作，所以我們需要互相協調和支持，確保我們的工作能夠順利完成，也避免給別人帶來不便。

我們的假期是我們的獎勵，所以我們要努力工作，也要好好享受。

請大家在【2024年6月14日下午5點】前完成以上工作，並在群組中回覆「完成」，以便我們統計和確認。

如果有任何問題或困難，請及時與我或其他同事聯繫，我們會盡力幫助你。

謝謝大家的配合，祝大家有一個愉快的假期！

## 9.2.10 教育訓練課程通知

通知團隊本週五下午 2 點的內部教育訓練課程，主題為數據分析技能提升指令：

教育訓練課程的初稿：

- 我們將在【本週五（6月16日）下午2點到4點】進行一場內部教育訓練課程，主題為【數據分析技能提升】，希望您能夠參加。
- 本次課程將由【數據分析部門的王經理】親自授課，內容涵蓋：數據的收集、清理、分析、視覺化、報告等方面，並介紹一些實用的工具和技巧。
- 本次課程對於我們的工作有很大的幫助，可以提高我們的數據素養，讓我們能夠更有效地利用數據來支持我們的決策和創新。
- 本次課程將在【線上平台Zoom】進行，我已經將課程的連結和密碼發送至您的郵箱，請您在課前查閱並準時加入。
- 請您在【今天下午5點前】回覆是否能夠參加，並在課前預留足夠的時間和精力，感謝您的配合！

## 9.2.11 跨部門合作會議

通知團隊下週一上午 9 點的跨部門合作會議,討論如何優化工作流程生成一個 Line 群組發言稿:

> **◆ 使用 Copilot 編寫草稿**                                    ✕
>
> 寫一個Line群組發言稿
> 主旨是通知團隊下週一上午9點的跨部門合作會議,討論如何優化工作流程
> 內文要200中文字以內
> 重點關鍵字或標題以【】括號表示
> 內文參考以下邏輯:群組發文公式=傳遞精準的訊息+還原情境。跟一對一訊息請示相比起來,它的對象是兩人以上的群體,必須思慮其他兩位你一言我一語的狀況。特別是Line即時報告事項,很多人習慣拆成一句一句,一則訊息就說一件事情,分段而非一條一條,要事優先,列點分條說明
> 以下是一個群組公開發文的例子參考:「
> 長官,您好:
> 我們計劃在【明天(5月31日)下午2點到3點】舉行一個會議,想請問您這段時間是否方便參
>
> 452 / 2000
>
> 產生

跨部門合作的發言稿初稿:

# 各位團隊成員，大家好：

- 我們將在【下週一（6月17日）上午9點到10點】舉行一個跨部門合作會議，主要目的是討論如何優化工作流程，提高效率和品質。
- 本次會議將在【第五會議室】進行，參與人員包括我們團隊的所有成員，以及來自其他部門的相關負責人。
- 會議內容包括：目前工作流程的分析和評估、存在的問題和挑戰、改進的建議和方案，以及實施的步驟和時間表。
- 我們希望能夠通過這次會議，增進彼此的了解和信任，找出合作的機會和優勢，創造更好的工作成果。
- 我已經整理了一份關於目前工作流程的分析報告，並提前發送至大家的郵箱，請大家在會前查閱，並準備好自己的意見和建議。
- 請大家確認是否能夠參加，並在今天下午5點前回覆，感謝大家的配合！

## 9.2.12 客戶訪問安排

　　"寫一個 Line 群組發言稿，通知團隊本週四下午 2 點的客戶訪問安排，並請相關人員做好準備。"

使用 Copilot 編寫草稿 ✕

寫一個Line群組發言稿
主旨是通知團隊本週四下午2點的客戶訪問安排，並請相關人員做好準備。
內文要200中文字以內
重點關鍵字或標題以【】括號表示
內文參考以下邏輯： 群組發文公式=傳遞精準的訊息+還原情境。跟一對一訊息請示相比起來，它的對象是兩人以上的群體，必須思慮其他兩位你一言我一語的狀況。特別是Line即時報告事項，很多人習慣拆成一句一句，一則訊息就說一件事情，分段而非一條一條，要事優先，列點分條說明
以下是一個群組公開發文的例子參考：「
長官，您好：
我們計劃在【明天（5月31日）下午2點到3點】舉行一個會議，想請問您這段時間是否方便參

451 / 2000

産生

客戶拜訪初稿：

## 【團隊通知】本週四客戶訪問安排

大家好：

我們將在【本週四（6月15日）下午2點到3點】接待一位重要的客戶，請相關人員做好準備。

客戶訪問將在【公司大廳】進行，主要目的是了解我們的產品與服務，並建立良好的合作關係，預計訪問時間為1小時。

訪問內容包括：

- 公司簡介與產品展示
- 客戶需求與問題解決方案
- 合作模式與合約條件

請大家確認是否能夠參與，並在本則訊息下回覆，感謝大家的配合！

## 9.2.13 公司政策更新

面向全體員工傳達最新的公司政策變更，簡述變更內容及其影響 Line 群組發言稿：

---

◆ **使用 Copilot 編寫草稿**                                      ✕

寫一個Line群組發言稿
主旨是向全體員工傳達最新的公司政策變更，並簡述變更內容及其影響。
內文要200中文字以內
重點關鍵字或標題以【】括號表示
內文參考以下邏輯：群組發文公式=傳遞精準的訊息+還原情境。跟一對一訊息請示相比起來，它的對象是兩人以上的群體，必須思慮其他兩位你一言我一語的狀況。特別是Line即時報告事項，很多人習慣拆成一句一句，一則訊息就說一件事情，分段而非一條一條，要事優先，列點分條說明
以下是一個群組公開發文的例子參考：「
長官，您好：
我們計劃在【明天（5月31日）下午2點到3點】舉行一個會議，想請問您這段時間是否方便參

450 / 2000

產生

---

全體員工傳達公司最新政策的更新初稿：

【公司政策變更通知】

各位同仁，您們好：

為了因應市場的變化，我們決定對公司的部分政策進行調整，以下是主要的變更內容及其影響，請您們務必注意：

- 【工作時間】：從原本的9:00–18:00，改為8:30–17:30，每天減少半小時的工作時間，但不影響薪資和福利。
- 【休假制度】：從原本的每年15天的年假，增加至20天，並且可以自由安排使用，不受部門主管的限制。
- 【考核標準】：從原本的每季一次的績效評估，改為每月一次的個人目標追蹤，並且增加團隊合作和創新能力的考核項目。

這些政策變更將從【下個月（6月）開始】正式實施，我們希望能夠提升員工的工作效率和滿意度，同時增強公司的競爭力和創新力。

如果您們對於這些變更有任何疑問或建議，請在【本週五（5月28日）】之前回覆本訊息，或者直接聯繫人事部門，我們將盡快為您解答。

感謝您們的配合和支持！

## 9.2.14 季度目標回顧

提醒團隊下週五上午 10 點進行季度目標回顧會議，請各部門準備相關報告的 Line 群組發言稿：

**使用 Copilot 編寫草稿** ✕

寫一個Line群組發言稿
主旨是提醒團隊下週五上午10點進行季度目標回顧會議，請各部門準備相關報告
內文要200中文字以內
重點關鍵字或標題以【】括號表示
內文參考以下邏輯： 群組發文公式=傳遞精準的訊息+還原情境。跟一對一訊息請示相比起來，它的對象是兩人以上的群體，必須思慮其他兩位你一言我一語的狀況。特別是Line即時報告事項，很多人習慣拆成一句一句，一則訊息就說一件事情，分段而非一條一條，要事優先，列點分條說明
以下是一個群組公開發文的例子參考：「
長官，您好：
我們計劃在【明天（5月31日）下午2點到3點】舉行一個會議，想請問您這段時間是否方便參

454 / 2000

產生

季度目標回顧 Line 群組發言初稿：

## Line群組發言稿

**親愛的團隊成員，大家好：**

我們將在【下週五（6月20日）上午10點】進行季度目標回顧會議，這是一個重要的機會，讓我們檢視過去三個月的工作成果，並討論未來的改進方案。

會議將在【線上平台】進行，請大家提前安排好時間和設備，確保會議順利進行。

**會議內容包括：**

- 各部門的季度工作報告，包括完成的任務、遇到的困難、解決的問題、收到的回饋等。
- 季度目標的達成情況，包括數據分析、成效評估、差距分析等。
- 下一季度的工作計劃，包括設定的目標、預期的成果、需要的資源、可能的風險等。

**請大家確認收到這則訊息，並回覆是否能夠參加，感謝大家的配合！**

## 9.2.15 新同事歡迎會

通知團隊下週二下午 3 點的新同事歡迎會的 Line 群組發言稿指令：

> **使用 Copilot 編寫草稿**　　　　　　　　　　　　×
>
> 寫一個Line群組發言稿
> 主旨是通知團隊下週二下午3點的新同事歡迎會，並請大家踴躍參加。
> 內文要200中文字以內
> 重點關鍵字或標題以【】括號表示
> 內文參考以下邏輯：群組發文公式=傳遞精準的訊息+還原情境。跟一對一訊息請示相比起來，它的對象是兩人以上的群體，必須思慮其他兩位你一言我一語的狀況。特別是Line即時報告事項，很多人習慣拆成一句一句，一則訊息就說一件事情，分段而非一條一條，要事優先，列點分條說明
> 以下是一個群組公開發文的例子參考：「
> 長官，您好：
> 我們計劃在【明天（5月31日）下午2點到3點】舉行一個會議，想請問您這段時間是否方便參
>
> 449 / 2000
>
> 產生

新同事歡迎會通知初稿：

【新同事歡迎會通知】

大家好：

我們下週二（6月18日）下午3點將在[公司禮堂]舉辦一個新同事歡迎會，邀請大家踴躍參加。

這次歡迎會的目的是讓我們認識新加入的團隊成員，並加強彼此的溝通和合作。

歡迎會的內容包括：

- 新同事的自我介紹和背景介紹
- 團隊的期待和建議
- 歡迎禮物和小遊戲

歡迎會的時間大約為半小時，之後我們會一起享用茶點和水果。

我們希望這次歡迎會能讓新同事感受到我們的熱情和團結，並促進我們的工作氣氛和效率。

請大家在明天（6月14日）下午5點前回覆是否能夠參加，感謝大家的配合！

## 9.2.16 市場調研結果報告

通知團隊下週四上午 10 點的市場調研結果報告會議，請市場部準備報告：

使用 Copilot 編寫草稿 ✕

寫一個Line群組發言稿
主旨是通知團隊下週四上午10點的市場調研結果報告會議，請市場部準備報告
內文要200中文字以內
重點關鍵字或標題以【】括號表示
內文參考以下邏輯：群組發文公式=傳遞精準的訊息+還原情境。跟一對一訊息請示相比起來，它的對象是兩人以上的群體，必須思慮其他兩位你一言我一語的狀況。特別是Line即時報告事項，很多人習慣拆成一句一句，一則訊息就說一件事情，分段而非一條一條，要事優先，列點分條說明
以下是一個群組公開發文的例子參考：「
長官，您好：
我們計劃在【明天（5月31日）下午2點到3點】舉行一個會議，想請問您這段時間是否方便參

453 / 2000

產生

市場調研報告會議初稿：

親愛的團隊成員，大家好：

我在這裡通知大家一個重要的消息，我們將在【下週四（6月20日）上午10點】舉行一個市場調研結果報告會議，這是我們這個季度的重點工作之一，請大家務必參加。

本次會議將在【線上平台】進行，請大家提前安裝好相關的軟體和設備，並確保網路穩定。會議時間預計為1.5小時。

會議內容包括：

- 市場部對我們的目標客戶和競爭對手的調研分析，以及對我們的產品和服務的優勢和改進點的建議。
- 產品部對我們的新產品和服務的設計和開發進度，以及可能遇到的問題和解決方案。
- 行銷部對我們的市場推廣策略和預算，以及預期的效果和回報。


請大家回覆是否能夠參加，如果有任何問題或困難，請及時與我聯繫，謝謝大家的配合！

## 9.2.17 IT 安全教育訓練

通知團隊本週三下午 2 點的 IT 安全教育訓練，將介紹最新的安全措施：

---

🦋 使用 Copilot 編寫草稿　　　　　　　　　　　　　　　　✕

寫一個Line群組發言稿
主旨是通知團隊本週三下午2點的IT安全培訓，重點介紹最新的安全措施
內文要200中文字以內
重點關鍵字或標題以【】括號表示
內文參考以下邏輯：群組發文公式＝傳遞精準的訊息＋還原情境。跟一對一訊息請示相比起
來，它的對象是兩人以上的群體，必須思慮其他兩位你一言我一語的狀況。特別是Line即時報
告事項，很多人習慣拆成一句一句，一則訊息就說一件事情，分段而非一條一條，要事優先，
列點分條說明
以下是一個群組公開發文的例子參考：「
長官，您好：
我們計劃在【明天（5月31日）下午2點到3點】舉行一個會議，想請問您這段時間是否方便參

451 / 2000

產生

---

IT 安全教育訓練介紹最新安全措施初稿：

親愛的團隊成員，您好：

我在此通知您們，本週三（6月15日）下午2點到3點，我們將進行一場【IT安全培訓】，請您們務必參加。

這次培訓將由公司的IT部門主持，主要介紹我們最新的【安全措施】，包括：

- 如何使用安全的密碼和驗證方式
- 如何避免網路釣魚和惡意軟體的攻擊
- 如何妥善保護公司的敏感資料和資源
- 如何應對和報告任何安全事件或違規行為

這些安全措施對於我們的工作和客戶的信任非常重要，請您們認真學習和遵守。

培訓將在【線上平台】進行，請您們提前準備好相關的設備和網路，並按時加入培訓會議。

我已經將培訓的相關資料和連結發送至您們的郵箱，請您們在培訓前查閱。

請您們確認收到此訊息，並回覆是否能夠參加，感謝您們的合作！

## 9.2.18 年度績效評估

進行年度績效評估寫一個 Line 群組發言稿：

使用 Copilot 編寫草稿 ✕

寫一個Line群組發言稿
主旨是提醒團隊本月30日進行年度績效評估，並請大家提前準備自我評估材料
內文要200中文字以內
重點關鍵字或標題以【】括號表示
內文參考以下邏輯： 群組發文公式=傳遞精準的訊息+還原情境。跟一對一訊息請示相比起來，它的對象是兩人以上的群體，必須思慮其他兩位你一言我一語的狀況。特別是Line即時報告事項，很多人習慣拆成一句一句，一則訊息就說一件事情，分段而非一條一條，要事優先，列點分條說明
以下是一個群組公開發文的例子參考：「
長官，您好：
我們計劃在【明天（5月31日）下午2點到3點】舉行一個會議，想請問您這段時間是否方便參

453 / 2000

產生

年度績效評估的群組發言初稿：

Line群組發言稿

親愛的團隊成員，大家好：

我們即將在【本月30日】進行年度績效評估，這是一個重要的機會，讓我們回顧過去一年的工作成果，並為未來的發展設定目標。

為了讓評估過程順利進行，我們需要大家提前準備一些自我評估材料，包括：

- 自己在過去一年的主要工作任務和責任
- 自己在過去一年的工作表現和成就，以及遇到的困難和挑戰
- 自己對自己的工作優點和改進點的認識和反思
- 自己對未來一年的工作期望和目標，以及需要的支持和資源

請大家在【本月28日】之前將自我評估材料填寫在附件的表格中，並回覆此訊息確認。

我們將在【本月29日】公佈評估的時間表和方式，請大家注意查收。

年度績效評估是一個提升自己和團隊的好機會，請大家積極參與，並給予彼此誠實和建設性的回饋。

如果有任何問題或建議，請隨時與我聯繫，謝謝大家的合作！

## 9.2.19 客戶滿意度調查

通知本週五下午 3 點的客戶滿意度調查會議群組發言：

使用 Copilot 編寫草稿 ✕

寫一個Line群組發言稿
主旨是通知團隊本週五下午3點的客戶滿意度調查會議，請相關同事提供數據支持
內文要200中文字以內
重點關鍵字或標題以【】括號表示
內文參考以下邏輯： 群組發文公式=傳遞精準的訊息+還原情境。跟一對一訊息請示相比起來，它的對象是兩人以上的群體，必須思慮其他兩位你一言我一語的狀況。特別是Line即時報告事項，很多人習慣拆成一句一句，一則訊息就說一件事情，分段而非一條一條，要事優先，列點分條說明
以下是一個群組公開發文的例子參考：「
長官，您好：
我們計劃在【明天（5月31日）下午2點到3點】舉行一個會議，想請問您這段時間是否方便參

455 / 2000

產生

客戶滿意度調查會議群組發言初稿：

親愛的團隊成員，大家好：

我們將在【本週五（6月13日）下午3點】進行一次客戶滿意度調查會議，請大家務必參加。

本次會議的目的是為了了解我們的客戶對我們的產品和服務的滿意程度，並根據調查結果提出改進方案。

會議內容包括：

- 客戶滿意度調查的目的和方法
- 客戶滿意度調查的數據分析和報告
- 客戶滿意度調查的問題和建議

我已經將會議的議程和相關資料發送至大家的郵箱，請大家在會前查閱。

請大家確認是否能夠參加，並在今天下午5點前回覆，感謝大家的配合！

## 9.2.20 年度計劃制定

下月初開始年度計劃制定工作需提前提交計劃草案：

**使用 Copilot 編寫草稿**                                               ✕

寫一個Line群組發言稿
主旨是通知團隊下月初開始年度計劃制定工作，請各部門提前提交計劃草案。
內文要200中文字以內
重點關鍵字或標題以【】括號表示
內文參考以下邏輯：群組發文公式=傳遞精準的訊息+還原情境。跟一對一訊息請示相比起
來，它的對象是兩人以上的群體，必須思慮其他兩位你一言我一語的狀況。特別是Line即時報
告事項，很多人習慣拆成一句一句，一則訊息就說一件事情，分段而非一條一條，要事優先，
列點分條說明
以下是一個群組公開發文的例子參考：「
長官，您好：
我們計劃在【明天（5月31日）下午2點到3點】舉行一個會議，想請問您這段時間是否方便參

452 / 2000

**產生**

年度計畫工作提交群組發言初稿：

【年度計劃制定工作通知】

各位團隊成員，大家好：

我們將在【下月初（6月3日）】開始進行年度計劃制定工作，這是一項重要的任務，關係到我們明年的工作目標和發展方向。

為了確保計劃的質量和效率，我們需要各部門提前提交計劃草案，並在【6月10日】前將草案發送至我的郵箱。

計劃草案的內容包括：部門的主要工作項目、預期的成果和指標、所需的資源和支援、可能遇到的困難和風險等。

我已經整理了一份計劃草案的範本，並附上一些參考資料，請大家在編寫計劃草案時參考使用。

請大家嚴格按照時間要求完成計劃草案的撰寫，如果有任何問題或建議，請及時與我聯繫，感謝大家的配合！

# 10. 提供下次活動的檢討報告

## 10.1 說明

活動檢討報告的邏輯是留給繼任者的攻略，其撰寫公式是：報告＝活動概述（活動目的＋活動規模＋活動時間）＋活動評估（活動成果＋活動問題＋活動建議）＋活動感想（活動收穫＋活動感謝＋活動期待）。

這個公式可以幫助我們將報告分為三個主要的部分，每個部分又可以細分為三個子項，形成一個清晰和完整的報告架構。下面我們來看看這個公式的各個元素的含義和作用。

活動概述是報告的第一部分，它的目的是讓讀者對活動有一個基本的了解，包括活動的目的、規模和時間。這些資訊可以幫助讀者建立一個活動的背景和框架，為後續的報告內容做好準備。

活動目的是指活動的主要目標和意義，例如增進團隊合作、提升員工技能、慶祝公司成就等。活動目的可以幫助讀者理解活動的重要性和價值，並與活動成果和收穫相呼應。

活動規模是指活動的參與人數和範圍，例如有多少人參加、來自哪些部門或單位、涉及哪些工作或職能等。活動規模可以幫助讀者了解活動的影響力和涵蓋面，並與活動問題和建議相關聯。

活動時間是指活動的舉辦日期和時長，例如在哪一天、哪個時段、持續多久等。活動時間可以幫助讀者了解活動的安排和流程，並與活動評估和感想相對應。

活動評估是報告的第二部分，它的目的是讓讀者對活動的過程和結果有一個客觀和具體的評價，包括活動的成果、問題和建議。這些資訊可以幫助讀者了解活動的優缺點，並提出改進的方案和意見。

活動成果是指活動的實際效果和表現，例如達成了哪些目標、完成了哪些

任務、獲得了哪些成就等。活動成果可以幫助讀者認識活動的成功和貢獻，並與活動目的和收穫相一致。

活動問題是指活動的困難和挑戰，例如遇到了哪些困境、產生了哪些矛盾、造成了哪些損失等。活動問題可以幫助讀者分析活動的不足和風險，並與活動規模和建議相配合。

活動建議是指活動的改進和優化，例如可以如何改善活動的規劃、執行、評估等。活動建議可以幫助讀者提出活動的發展和創新，並與活動問題和期待相連結。

活動感想是報告的第三部分，它的目的是讓讀者對活動的意義和價值有一個主觀和感性的體會，包括活動的收穫、感謝和期待。這些資訊可以幫助讀者表達活動的感受和情感，並增加報告的親和力和吸引力。

活動收穫是指活動的學習和成長，例如學到了哪些知識、技能、經驗等。活動收穫可以幫助讀者反思活動的價值和意義，並與活動目的和成果相印證。

活動感謝是指活動的感恩和讚賞，例如感謝了哪些人、組織、資源等。活動感謝可以幫助讀者表達活動的關係和情感，並與活動規模和問題相平衡。

活動期待是指活動的展望和期許，例如期待了哪些機會、挑戰、目標等。活動期待可以幫助讀者展示活動的動力和潛力，並與活動建議和感想相呼應。

也就是說問題要非常具體，因此定義問題，問題要具體描述發生的狀況，盡量客觀，出現什麼具體特徵，客觀描述 Copilot 可以幫忙。這邊可以用 niche market 數字 5 的概念，往下深挖五層，也就是符合 5W3H 具體。比如，怎麼針對教材做內容行銷？改成：

以「怎麼針對教材做內容行銷」為大主題，以下是五個層次的深入挖掘，以繁體中文呈現：

## 層次 1：教材行銷的基本策略

針對各類教材進行廣泛的行銷活動，涵蓋所有學科和領域。著重於如何將教材推廣給學校、教育機構以及個人學習者。這是一個普遍的層次，市面上有許多競爭者，因此我們需要進一步細化策略。

## 層次 2：特定學科的教材行銷

集中在特定學科的教材行銷，例如數學、科學或語文。針對每個學科的特點，制定專門的行銷策略。這包括針對學科特定需求的推廣活動，使用該學科的專家和成功案例來吸引目標受眾。

## 層次 3：針對特定學習階段的教材行銷

行銷策略進一步細化到特定的學習階段，如小學、中學或大學。每個學習階段有不同的需求和挑戰，因此需要量身定制的行銷計畫。例如，小學教材行銷可以著重於有趣、互動的學習工具，而大學教材則可以強調深度知識和專業認證。

## 層次 4：個性化學習方案的教材行銷

提供個性化學習方案，根據學生的具體需求和學習風格定制教材。這種策略強調個性化和適應性，例如根據學生的學習速度和興趣定制的數字教材和線上課程。這不僅增加了教材的吸引力，還提升了用戶的學習體驗。

## 層次 5：專業認證和職業發展的教材行銷

針對專業認證和職業發展設計的教材行銷，這些教材專門為那些希望提升職業技能和取得認證的人士而設計。行銷策略可以包括合作夥伴關係、成功案例展示，以及專業人士的推薦，強調教材在實現職業目標中的重要性。

這五個層次的深入挖掘，旨在從普遍的教材行銷策略中找到具體的、可操作的行銷方案，幫助教材在市場中脫穎而出。

再比如，「提升客戶滿意度」，同理可以推導成「怎麼在 30 秒之內，讓客戶冷靜下來」。

為了讓更清楚地了解活動檢討報告的撰寫公式的運用方法，我們以一個實際的例子來說明。假設我們是一個公司的員工，我們剛剛參加了一個由公司舉辦的線上培訓活動，活動的主題是如何提升職場寫作的技巧，活動的時間是 2024 年 5 月 27 日，從下午 2 點到 4 點，活動的規模是全公司的員工都參加，共有 200 人。我們要根據這個活動，撰寫一份活動檢討報告，並運用報告＝活動概述＋活動評估＋活動感想的公式來組織報告的內容。以下是我們的報告範例：

## 如何提升職場寫作的技巧——線上訓練活動檢討報告

### 活動概述

本次活動的目的是提升公司員工的職場寫作的技巧，能夠更有效地溝通和表達，提高工作的效率和品質。活動的規模是全公司的員工都參加，共有 200 人，涵蓋了各個部門和職能。活動的時間是 2024 年 5 月 27 日，從下午 2 點到 4 點，為期兩個小時。

### 活動評估

本次活動的成果是非常豐富和實用的，我們學到了很多職場寫作的技巧和方法，例如如何組織寫作的架構和內容，如何選擇和呈現寫作的重點和細節，如何客觀和具體地評估寫作的效果和問題，如何提出有價值和可行的寫作建議，如何表達自己的寫作感想和感激之情等。這些技巧和方法都可以幫助我們提高寫作的清晰度和完整度，增加寫作的親和力和吸引力，展現我們和團隊的成果和能力。

本次活動的問題是比較少和輕微的，主要是由於線上培訓的限制，造成了一些溝通和互動的困難和障礙，例如有些人的網路不穩定，有些人的聲音不清楚，有些人的視頻不清晰，有些人的回饋不及時等。這些問題都影響了活動的

流暢度和品質，減少了活動的效果和體驗。

本次活動的建議是可以在未來的線上培訓活動中，加強對網路和設備的檢測和優化，確保每個參與者都能夠順暢地連線和溝通，提高活動的穩定性和可靠性。另外，也可以增加一些互動和遊戲的環節，讓每個參與者都能夠更積極和主動地參與和回饋，提高活動的趣味性和參與度。

## 活動感想

本次活動的收穫是非常大和深刻的，我們不僅學到了很多職場寫作的技巧和方法，也體會到了職場寫作的價值和意義，讓我們能夠更有效地溝通和表達，提高工作的效率和品質。我們相信這些收穫都將對我們的未來的工作和發展有很大的幫助和影響。

本次活動的感謝是非常真誠和熱烈的，我們要感謝公司的領導和組織者，為我們提供了這麼好的學習和成長的機會，讓我們能夠與全公司的同事一起學習和交流，增進了我們的團隊合作和凝聚力。我們也要感謝培訓的講師和助教，為我們提供了這麼豐富和實用的教學和指導，讓我們能夠從中獲得很多知識和經驗，提升了我們的寫作技巧和能力。

本次活動的期待是非常高和強烈的，我們期待在未來的工作中，能夠運用我們學到的職場寫作的技巧和方法，撰寫出更高質量和水準的報告和文件，展現出我們和團隊的成果和能力。我們也期待在未來的活動中，能夠有更多的機會和挑戰，讓我們能夠繼續學習和成長，提升我們的職場寫作的技巧和能力。

# 10.2 案例

## 10.2.1 年度員工聚餐活動檢討報告

員工聚餐活動檢討報告：

---

**使用 Copilot 編寫草稿**　　　　　　　　　　　　✕

請撰寫一份關於公司年度聚餐活動的檢討報告，描述活動的目的（促進員工間的交流）、規模（200名員工參加）和時間（2024年5月10日晚上6點至9點），並評估活動的成果（員工間互動增加）、遇到的問題（部分員工對餐飲安排不滿）及改進建議（改進菜單選擇），最後分享你的活動收穫（加深對同事的了解）、感謝（感謝公司提供的機會）和期待（希望未來有更多此類活動）。

175 / 2000

> 產生

---

公司年度聚餐檢討報告初稿：

# 公司年度聚餐活動檢討報告

撰寫人：{your name}

## 活動目的

- 本次活動的主要目的是促進員工間的交流，增加彼此的瞭解和信任，提高團隊合作的效率和品質。
- 活動邀請了公司全體員工參加，共有200名員工出席，涵蓋了不同的部門、職位和年資，為員工間的溝通和互動提供了良好的平台。

## 活動規模和時間

- 活動於2024年5月10日晚上6點至9點在公司附近的一家餐廳舉行，餐廳提供了自助餐和飲料，以及一些音樂和遊戲設備。
- 活動採用了自由式的形式，員工可以自由選擇座位、食物和活動，也可以隨時加入或離開。
- 活動期間，公司的高層領導也出席了活動，並在開始時致辭，感謝員工的貢獻，並鼓勵員工繼續努力，創造更好的業績。

活動成果說明初稿：

- 活動期間，公司的高層領導也出席了活動，並在開始時致辭，感謝員工的貢獻，並鼓勵員工繼續努力，創造更好的業績。

# 活動成果

- 活動的成果可以從以下幾個方面評估：
- 員工間的互動增加。活動中，員工們不僅與自己的同事交流，也與其他部門的員工交流，甚至與高層領導交流，增進了彼此的瞭解和友誼，也拓展了自己的人脈和視野。
- 員工的士氣提高。活動中，員工們享受了美食和飲料，也參與了一些有趣的遊戲和競賽，獲得了一些小禮物和獎品，放鬆了身心，也增加了自己的成就感和歸屬感。
- 員工的滿意度提高。活動中，員工們感受到了公司對他們的關心和重視，也對公司的文化和價值有了更深的認同和認可，也對公司的未來有了更多的信心和期待。

活動問題檢討部分初稿：

# 活動問題

- 活動的問題主要集中在以下幾個方面：
- 部分員工對餐飲安排不滿。活動中，有些員工反映餐廳的食物選擇不夠多樣和豐富，也不符合他們的口味和健康需求，有些員工甚至表示食物的質量和衛生有問題。
- 部分員工對活動時間不滿。活動中，有些員工表示活動的時間太晚或太長，影響了他們的休息和家庭生活，有些員工甚至提前離開了活動。
- 部分員工對活動形式不滿。活動中，有些員工表示活動的形式太過隨意和無聊，沒有足夠的互動和挑戰，也沒有體現出公司的特色和主題，有些員工甚至覺得活動是一種浪費時間和資源。

活動建議的初稿：

# 活動建議

- 根據活動的問題，我們提出以下幾點改進建議：
- 改進菜單選擇。在選擇餐廳和食物時，應該考慮到員工的不同喜好和需求，提供更多的選擇和質量，也應該注意食物的衛生和安全，避免出現食物中毒或過敏的情況。
- 調整活動時間。在安排活動的時間時，應該考慮到員工的不同工作和生活節奏，選擇一個更合適和方便的時間，也應該控制活動的長度，避免過長或過短，影響員工的參與和享受。
- 創新活動形式。在設計活動的形式時，應該考慮到員工的不同興趣和能力，提供更多的互動和挑戰，也應該突出公司的特色和主題，增加活動的趣味和意義，避免單調和無聊。

# 活動收穫

- 作為活動的參與者，我個人的活動收穫如下：
- 加深對同事的了解。活動中，我與不同部門和層級的同事交流，了解了他們的工作和生活，也分享了自己的經驗和想法，感覺彼此更親近和信任。
- 學習到新的知識和技能。活動中，我參與了一些遊戲和競賽，不僅鍛煉了自己的思維和反應，也學習到了一些新的知識和技能，例如如何與不同類型的人合

活動期待：

# 活動期待

- 最後，我要表達我對未來活動的期待，我希望公司能夠繼續舉辦這類活動，讓我們有更多的機會和平台，與同事和領導交流和互動，也讓我們有更多的機會和資源，學習和提升自己，也為公司的發展和進步貢獻自己的力量。
- 我也希望活動能夠不斷改進和創新，讓我們能夠在每次活動中，都有新的體驗和感受，也讓我們能夠在每次活動中，都有新的收穫和成就，也讓我們能夠在每次活動中，都有新的動力和信心。
- 我還希望活動能夠更加貼近我們的工作和生活，讓我們能夠在活動中，更好地解決我們遇到的問題和困難，也讓我們能夠在活動中，更好地發揮我們的優勢和潛力，也讓我們能夠在活動中，更好地實現我們的目標和夢想。

## 10.2.2 員工健康講座檢討報告

撰寫健康講座的檢討報告，其指令如下：

---

🟦 使用 Copilot 編寫草稿                                            ✕

撰寫一份公司舉辦的員工健康講座的檢討報告，描述活動的目的（提高員工健康意識）、規模（參與者150人）和時間（2024年4月20日），並評估活動的成果（員工健康知識明顯提升）、遇到的問題（場地設施不足）及改進建議（增設更多座位），最後分享你的活動收穫（學到實用的健康知識）、感謝（感謝健康專家的分享）和期待（期待未來有更多健康相關的講座）。

169 / 2000

[產生]

---

員工健康講座檢討報告初稿：

# 員工健康講座檢討報告

### 2024年4月20日

## 活動目的

- 本次活動旨在提高員工對健康的重視和關注，增強員工的健康意識和自我保健能力。
- 本次活動邀請了健康專家來為員工講解健康的基本知識，包括健康的定義、健康的要素、健康的評估和健康的促進。
- 本次活動也設置了互動環節，讓員工可以透過問答、測驗、遊戲等方式，檢測自己的健康狀況，學習健康的技巧，分享健康的經驗。

## 活動規模和時間

- 本次活動共有150名員工參與，涵蓋了公司的各個部門和崗位。
- 本次活動於2024年4月20日上午9點至11點，在公司的多功能廳舉行。
- 本次活動由人力資源部主辦，健康專家擔任主講人，活動小組負責活動的策劃、執行和評估。

活動成果、問題與建議初稿：

# 活動成果

- 本次活動收到了員工的普遍好評，員工表示活動內容豐富、實用，活動形式生動、有趣，活動氣氛熱烈、融洽。
- 本次活動也達到了預期的效果，員工的健康知識明顯提升，員工的健康意識明顯增強，員工的健康行為明顯改善。
- 本次活動的評估結果顯示，員工對活動的整體滿意度為4.5分（滿分為5分），員工對活動的各個方面的滿意度均在4分以上。

# 活動收穫和感想

- 作為活動的參與者之一，我覺得這次活動對我有很大的幫助和啟發，讓我學到了很多實用的健康知識，也讓我意識到了健康的重要性和必要性。
- 我感謝健康專家的精彩分享，讓我了解了健康的概念和內涵，讓我掌握了健康的方法和技巧，讓我體驗了健康的樂趣和價值。
- 我期待未來有更多健康相關的講座和活動，讓我可以不斷地學習和進步，讓我可以保持和提升自己的健康水平，讓我可以為公司的發展和社會的進步貢獻自己的力量。

活動收穫與感想：

# 活動收穫和感想

- 作為活動的參與者之一，我覺得這次活動對我有很大的幫助和啟發，讓我學到了很多實用的健康知識，也讓我意識到了健康的重要性和必要性。
- 我感謝健康專家的精彩分享，讓我了解了健康的概念和內涵，讓我掌握了健康的方法和技巧，讓我體驗了健康的樂趣和價值。
- 我期待未來有更多健康相關的講座和活動，讓我可以不斷地學習和進步，讓我可以保持和提升自己的健康水平，讓我可以為公司的發展和社會的進步貢獻自己的力量。

### 10.2.3 親子活動檢討報告

撰寫一份公司舉辦的親子活動檢討報告：

---

⚫ 使用 Copilot 編寫草稿 ✕

撰寫一份公司舉辦的親子活動檢討報告，描述活動的目的（增進員工家庭間的互動）、規模（50個家庭參加）和時間（2024年5月15日），並評估活動的成果（家庭成員間的聯繫加強）、遇到的問題（部分家庭反映活動安排不夠多樣）及改進建議（增加活動種類），最後分享你的活動收穫（與家人度過美好時光）、感謝（感謝公司提供機會）和期待（期待未來更多親子活動）。

171 / 2000

產生

---

親子活動檢討報告初稿：

# 親子活動檢討報告

作者：XXX

# 活動目的

本次親子活動的目的是增進員工家庭間的互動，讓員工能夠在工作之餘，與家人共享歡樂時光，增加家庭凝聚力和幸福感。

# 活動規模和時間

本次親子活動共有50個家庭參加，活動時間為2024年5月15日，地點為XX公園。活動內容包括親子遊戲、親子瑜伽、親子手工等，旨在促進家庭成員間的溝通和合作。

活動成果、問題與建議：

# 活動成果

根據活動後的問卷調查，本次親子活動的成果十分令人滿意。大部分參加者表示，活動讓他們與家人的聯繫加強，感受到了家庭的溫暖和支持，也提高了自己的工作動力和士氣。活動中的親子遊戲和手工，讓家長和孩子們有了更多的互動和了解，增進了親子關係。活動中的親子瑜伽，則讓家庭成員們放鬆身心，減壓養生。

# 活動問題和建議

雖然本次親子活動取得了不錯的效果，但也存在一些問題和不足之處。部分參加者反映，活動的安排不夠多樣，缺乏一些新穎和有趣的元素，讓他們感覺有些無聊和乏味。因此，我們建議在未來的親子活動中，可以增加一些活動的種類和難度，例如親子烹飪、親子攀岩、親子音樂等，讓參加者有更多的選擇和挑戰，也增加活動的趣味性和吸引力。

本次活動的收穫和感想：

# 活動收穫和感想

最後，我想分享一下我自己的活動收穫和感想。這次親子活動讓我與家人度過了一個美好的周末，我們在遊戲和手工中，發現了彼此的新鮮和可愛的一面，也增進了彼此的信任和默契。我們在瑜伽中，感受到了身心的平靜和和諧，也學習了一些養生的方法和技巧。我非常感謝公司提供了這樣一個難得的機會，讓我們能夠在忙碌的工作中，找回家庭的重要和幸福。我也期待未來能有更多的親子活動，讓我們的家庭更加美滿和和睦。

## 10.2.4 新品發布會檢討報告

請撰寫一份關於公司新品發布會的檢討報告：

---

**使用 Copilot 編寫草稿**　　　　　　　　　　　　✕

請撰寫一份關於公司新品發布的檢討報告，描述活動的目的（展示新產品）、規模（300名來賓參加）和時間（2024年6月1日），並評估活動的成果（產品獲得高度關注）、遇到的問題（部分技術展示出現問題）及改進建議（加強技術測試），最後分享你的活動收穫（獲得寶貴市場反饋）、感謝（感謝參與者的支持）和期待（期待產品上市後的市場反應）。
檢討報告的邏輯是留給繼任者的攻略，讓後來接手的人知道之前踩過的地雷不再犯之前的錯誤。
其撰寫公式是：報告=活動概述（活動目的＋活動規模＋活動時間）＋活動評估（活動成果＋活動問題＋活動建議）＋活動感想（活動收穫＋活動感謝＋活動期待）。 並強調團隊合作的重要性。

[Tab]

280 / 2000 ⓘ

[ 產生 ]　[ 🖉 參考您的內容 ]

---

檢討報告產生初稿：

# 公司新品發布會檢討報告

# 活動概述

## 活動目的

此次公司新品發布會的主要目的是展示我們最新研發的產品，藉此向市場及潛在客戶展示其創新功能及優越性能。

## 活動規模

本次發布會吸引了來自各界的300名來賓參加，包括業界專家、媒體記者及重要客戶。

## 活動時間

活動於2024年6月1日順利舉行，為期一天的活動中安排了多場技術展示和互動交流環節。

活動評估：

# 活動評估

## 活動成果

新品發布會獲得了高度的市場關注，與會者對我們的新產品表示了濃厚的興趣，並提出了許多寶貴的反饋和建議。

## 活動問題

然而，在部分技術展示環節中出現了技術故障，影響了現場的演示效果，這是我們需要重視和改進的地方。

活動建議與感想：

## 活動建議

針對以上問題，我們建議在未來的活動中加強技術測試，確保所有展示環節順利進行。此外，也應該安排備用方案，以應對突發情況。

# 活動感想

## 活動收穫

此次活動讓我們獲得了寶貴的市場反饋，這些反饋將有助於我們進一步完善產品，提升市場競爭力。

## 活動感謝

感謝所有參與者的支持與配合，正是因為有你們的積極參與，發布會才能圓滿成功。

## 活動期待

我們對新品上市後的市場反應充滿期待，相信在大家的支持下，我們的產品將在市場上取得優異的成績。

然而此份初稿非常不具體，我們再多下些具體的指令：

〈 若要微調草稿，請新增一些詳細資料並重新產生

檢討非常不具體，沒有講到實際績效評估方式、標準，沒有提及具體可執行的策略與作法　　→

於是產生新的版本：

# 公司新品發布會檢討報告

### 展示新產品的成功與挑戰

# 活動概述

## 活動目的

此次公司新品發布會的主要目的是展示我們最新開發的產品，旨在向市場和潛在客戶展示其創新功能和優勢。

## 活動規模

本次發布會規模盛大，共有300名來賓參加，包括多位行業專家、媒體代表及重要客戶。

## 活動時間

活動於2024年6月1日順利舉行，整體流程精心策劃，旨在確保來賓能夠全面了解我們的新產品。

活動評估和活動問題初稿：

# 活動評估

## 活動成果

此次發布會取得了顯著的成果。新產品獲得了高度的關注和積極的反饋，尤其是在功能演示和產品展示環節，受到了來賓們的高度評價。根據現場調查問卷，85%的來賓對新產品表示滿意，75%的來賓表示有意願購買或推薦給他人。

## 活動問題

然而，在活動過程中也出現了一些問題。特別是部分技術展示環節出現了問題，影響了現場演示效果。具體來說，有兩次演示因設備故障中斷，造成了現場部分來賓的不滿。

活動建議與活動感想的初稿：

# 活動建議

針對此次活動中出現的問題，我們提出以下改進建議：

- 加強技術測試：增設技術測試環節，確保所有設備和系統在活動前已經過多次測試，尤其是關鍵環節的演示設備，應至少進行三輪測試。
- 預備方案：制定詳細的應急預案，尤其針對技術故障，應設立備用設備和替代方案，確保演示不會因單一故障而中斷。
- 技術支持團隊：增強現場技術支持團隊的人數和專業能力，確保能夠快速響應和解決突發技術問題。

# 活動感想

## 活動收穫

此次活動讓我們獲得了寶貴的市場反饋，這些反饋對於我們後續的產品改進和市場策略制定有著重要的參考價值。我們了解到客戶對於產品功能和性能的具體需求，這將有助於我們在未來的產品開發中做出針對性的提升。

活動感謝與期待部分的初稿：

## 活動感謝

在此，我們要特別感謝所有參與者的支持與參與。沒有你們的支持，此次活動不可能如此成功。特別感謝我們的技術團隊和市場部門，他們在活動準備和執行過程中付出了大量的努力。

## 活動期待

最後，我們對於產品上市後的市場反應充滿期待。相信在大家的共同努力下，我們的新產品將會在市場上取得優異的表現。我們也期待在未來的活動中，能夠繼續與大家共同進步，避免過去的錯誤，創造更大的成功。

此次檢討報告旨在為後來接手的人提供寶貴的經驗教訓，避免重蹈覆轍，使未來的活動更加成功。

### 10.2.5 業務拓展會議檢討報告

撰寫一份公司舉辦的業務拓展會議檢討報告：

---

**使用 Copilot 編寫草稿** ✕

撰寫一份公司舉辦的業務拓展會議檢討報告，描述活動的目的（拓展業務合作機會）、規模（50家合作企業參加）和時間（2024年7月10日），並評估活動的成果（簽訂多項合作協議）、遇到的問題（部分企業反映溝通不夠深入）及改進建議（增加會議時間和討論環節），最後分享你的活動收穫（建立了新的合作關係）、感謝（感謝合作企業的參與）和期待（期待未來的合作發展）。

檢討報告的邏輯是留給繼任者的攻略，讓後來接手的人知道之前踩過的地雷不再犯之前的錯誤。

其撰寫公式是：報告=活動概述（活動目的＋活動規模＋活動時間）＋活動評估（活動成果＋活動問題＋活動建議）＋活動感想（活動收穫＋活動感謝＋活動期待）。，並強調團隊合作的重要性。

[Tab]

291 / 2000 ⓘ

産生    🖉 參考您的內容

---

業務拓展會議檢討報告初稿：

# 業務拓展會議檢討報告

## 活動概述

**活動目的：** 本次業務拓展會議旨在擴展公司與合作企業之間的業務合作機會，促進雙方的共同發展。

**活動規模：** 本次會議吸引了來自各行各業的50家合作企業參加，他們帶來了豐富的資源和先進的技術，為會議的討論提供了有力的支持。

**活動時間：** 本次會議於2024年7月10日順利舉行，為期一天。

活動評估和感想部分初稿：

## 活動評估

活動成果： 本次會議的主要成果包括成功簽訂了多項合作協議，為未來的業務發展奠定了堅實的基礎。

活動問題： 儘管會議取得了顯著的成果，但部分企業反映在會議中溝通不夠深入，未能充分交流彼此的需求和期望。

活動建議：

- 增加會議時間，讓參會者有更多的時間進行交流和討論。
- 增加討論環節，設置不同主題的小組討論，讓與會者能夠針對具體問題進行深入探討。

## 活動感想

活動收穫： 通過本次會議，我們建立了多個新的合作關係，增強了與合作企業之間的聯繫和信任，為未來的業務拓展提供了更多的機會。

活動感謝： 感謝所有參與本次會議的合作企業，正是因為你們的積極參與和支持，本次會議才能取得如此圓滿的成功。

活動期待： 我們期待未來能夠與更多企業建立合作，攜手共進，共同開創更加輝煌的未來。

### 10.2.6 客戶滿意度調查活動檢討報告

撰寫一份公司進行的客戶滿意度調查活動檢討報告：

---

🔆 使用 Copilot 編寫草稿 ✕

撰寫一份公司進行的客戶滿意度調查活動檢討報告，描述活動的目的（了解客戶對產品和服務的滿意度）、規模（調查對象500名客戶）和時間（2024年5月20日），並評估活動的成果（收集到大量有價值的反饋）、遇到的問題（部分客戶反映調查過於繁瑣）及改進建議（簡化調查問卷），最後分享你的活動收穫（了解客戶需求和意見）、感謝（感謝客戶的參與）和期待（期待根據反饋改進產品和服務）。 提供實用的編輯建議。 [Tab]

184 / 2000 ⓘ

▮ 產生 ▮ ⊘ 參考您的內容

---

客戶滿意度度調查檢討報告初稿：

# 客戶滿意度調查活動檢討報告

## 活動目的

本次客戶滿意度調查的主要目的是了解客戶對我們產品和服務的滿意度，藉此進一步改進和提升我們的產品質量與服務水平。我們希望通過這次調查，能夠全面掌握客戶的需求和期望，從而為未來的發展提供有力的數據支撐。

## 活動規模

本次調查活動於2024年5月20日進行，調查對象為500名客戶。調查問卷通過線上和線下兩種方式進行發放，並確保樣本的代表性和覆蓋面。我們力求通過廣泛的調查，收集到不同類型客戶的真實反饋。

## 活動成果

本次調查活動的成果顯著，我們成功收集到了大量有價值的反饋數據。客戶對於我們產品的質量和服務的評價整體較高，但同時也提出了一些建設性的意見和建議。這些反饋將成為我們改進工作的寶貴資源。

檢討遇到的問題：

## 遇到的問題

在調查過程中，我們也遇到了一些問題。部分客戶反映調查問卷過於繁瑣，填寫時間較長，這在一定程度上影響了客戶的參與積極性。此外，還有一些客戶對於部分問題的理解存在困惑，導致回答不夠準確。

## 改進建議

針對上述問題，我們提出以下改進建議：

- 簡化調查問卷：減少問題數量，突出核心問題，提升客戶填寫體驗。
- 優化問題設計：確保每個問題清晰明了，避免模糊或多義的表述。
- 增加填寫便捷性：提供多種填寫途徑，如手機應用、小程序等，方便客戶隨時隨地參與。

## 活動收穫

通過本次調查活動，我們深入了解了客戶的需求和意見，這對於我們未來的產品和服務改進具有重要指導意義。客戶的每一條反饋都承載著對我們的期望和信任，我們將用心聆聽，積極改進。

表達感謝與期待：

## 感謝與期待

我們衷心感謝每一位參與調查的客戶，你們的寶貴意見對於我們提升產品和服務質量具有不可估量的價值。未來，我們將根據這些反饋，不斷改進和創新，力求為客戶提供更加優質的產品和服務。期待在下一次調查活動中，能夠再次得到大家的支持和參與。

感謝並期待與您攜手共進！

### 10.2.7 年度策略會議檢討報告

撰寫一份公司舉辦的年度策略會議檢討報告：

---

🔷 **使用 Copilot 編寫草稿** ✕

撰寫一份公司舉辦的年度策略會議檢討報告，描述活動的目的（制定公司年度發展策略）、規模（50名高層管理人員參加）和時間（2024年1月10日），並評估活動的成果（達成多項重要決策）、遇到的問題（部分議題討論不充分）及改進建議（增加討論時間和深度），最後分享你的活動收穫（明確未來發展方向）、感謝（感謝參與者的積極貢獻）和期待（期待策略落地執行效果）。 /

176 / 2000 ⓘ

◼ **產生**　　𝒪 **參考您的內容**

---

公司年度策略檢討報告初稿：

# 公司年度策略會議檢討報告

### 2024年1月10日

## 活動目的

公司舉辦此次年度策略會議，旨在制定公司年度發展策略，明確未來的發展方向，並確保各部門能夠協同合作，實現共同的目標。

## 活動規模

本次會議共有50名高層管理人員參加，涵蓋了公司的各個主要部門，確保了決策的全面性和代表性。

## 活動時間

會議於2024年1月10日舉行，為期一天。

成果評估的初稿：

# 成果評估

## 達成的成果

會議期間，我們達成了多項重要決策，包括：

- 確立了來年主要的業務發展方向。
- 調整了各部門的業務目標和資源分配方案。
- 制定了新的客戶關係管理策略。

## 遇到的問題

部分議題討論不充分，導致某些決策的細節尚待進一步完善。

改進建議與活動收穫：

## 改進建議

針對此次會議中遇到的問題，提出以下改進建議：

- 增加討論時間，確保每個議題都有充分的時間進行深入探討。
- 鼓勵參會人員更多地發表意見，以提高決策的全面性和科學性。

# 活動收穫

此次會議讓我們更清晰地認識到公司的未來發展方向，並為各部門設定了明確的目標和任務，期待在接下來的工作中能夠看到策略落地執行的效果。

# 感謝及期待

特別感謝所有參與者的積極貢獻，你們的智慧和努力是公司前進的最大動力。期待我們共同努力，將會議制定的策略成功落地，實現公司的長遠發展目標。

### 10.2.8 社交媒體行銷培訓檢討報告

撰寫一份關於公司舉辦的社交媒體行銷培訓的檢討報告：

---

🟦 **使用 Copilot 編寫草稿**　　　　　　　　　　　　　✕

請撰寫一份關於公司舉辦的社交媒體行銷培訓的檢討報告，描述活動的目的（提升員工的社交媒體行銷技能）、規模（參與者80人）和時間（2024年3月20日），並評估活動的成果（員工掌握了新的行銷技巧）、遇到的問題（培訓內容部分過於理論化）及改進建議（增加實戰操作環節），最後分享你的活動收穫（提高了社交媒體行銷能力）、感謝（感謝講師的詳細講解）和期待（期待運用所學提升業績）。

184 / 2000 ⓘ

**產生**　　⌀ 參考您的內容

---

社交媒體行銷培訓檢討報告初稿：

# 公司社交媒體行銷培訓檢討報告

## 活動目的

此次舉辦的社交媒體行銷培訓，旨在提升員工的社交媒體行銷技能，使他們能夠更有效地運用這些平臺來推廣公司產品和品牌，從而提升整體業績。

## 活動規模與時間

培訓活動於2024年3月20日舉行，共有80位員工參與。參加者來自公司各個部門，具有不同的行銷背景和經驗。

# 活動成果評估

此次培訓活動的主要成果包括以下幾點：

- 員工掌握了新的社交媒體行銷技巧，能夠更靈活地運用各類行銷工具和策略。

遇到的問題：

# 遇到的問題

儘管培訓活動取得了不少成果，但也存在一些問題：

- 部分培訓內容過於理論化，缺乏實際操作環節，導致部分員工難以將所學知識應用於實際工作中。

# 改進建議

針對上述問題，提出以下改進建議：

- 在未來的培訓中，增加實戰操作環節，使員工能夠在實踐中更好地掌握和應

改進建議、活動收穫與未來期許：

用所學知識。
- 邀請更多行業專家和成功案例分享，讓員工了解更多實務操作的細節和技巧。

# 活動收穫與感謝

通過此次培訓活動，我個人收穫頗豐，不僅提高了自己的社交媒體行銷能力，還學到了許多新的行銷技巧和策略。在此，特別感謝講師們的詳細講解和耐心指導，使我們能夠在短時間內掌握這些寶貴的技能。

# 期待

我期待能夠將所學知識運用到工作中，為公司帶來更好的業績提升。同時，也希望能有更多類似的培訓機會，繼續提升自身的專業能力。

## 10.2.9 部門年度工作總結會檢討報告

撰寫一份公司部門年度工作總結會檢討報告：

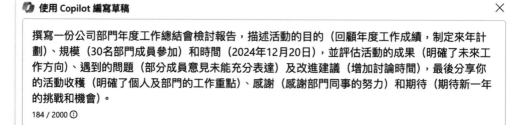

> 使用 Copilot 編寫草稿                                    ✕
>
> 撰寫一份公司部門年度工作總結會檢討報告，描述活動的目的（回顧年度工作成績，制定來年計劃）、規模（30名部門成員參加）和時間（2024年12月20日），並評估活動的成果（明確了未來工作方向）、遇到的問題（部分成員意見未能充分表達）及改進建議（增加討論時間），最後分享你的活動收穫（明確了個人及部門的工作重點）、感謝（感謝部門同事的努力）和期待（期待新一年的挑戰和機會）。
>
> 184 / 2000 ⓘ
>
> [ 產生 ]   [ ⊘ 參考您的內容 ]

公司部門年度工作總結檢討初稿：

# 公司部門年度工作總結會檢討報告

# 活動目的

本次年度工作總結會的主要目的是回顧過去一年部門的工作成績，制定來年的工作計劃。我們希望通過此次會議，總結經驗，認識不足，為未來的工作指明方向。

# 活動規模

本次會議於2024年12月20日舉行，共有30名部門成員參加。所有成員積極參與，為會議的成功舉行提供了有力保障。

# 活動時間

本次活動安排在2024年12月20日進行，時長為一天，涵蓋了多個議題的討論和交流。

　　成果評估初稿：

# 成果評估

## 明確未來工作方向

通過此次總結會，我們成功地明確了未來的工作方向。各成員對來年的目標和計劃有了更加清晰的認識，為部門的發展奠定了堅實基礎。

## 存在問題

然而，在會議過程中，我們也發現部分成員的意見未能充分表達，這在一定程度上影響了會議的全面性和代表性。

　　改善建議、收穫與感謝期待：

# 改進建議

針對上述問題，我們建議在未來的會議中增加討論時間，給予每位成員更多的發言機會，確保所有意見都能得到充分表達和重視。

# 活動收穫

此次活動讓我個人及整個部門更加明確了工作重點。通過深入的交流和討論，我們對過去的工作有了更全面的了解，也對未來的挑戰和機會有了更清晰的認識。

# 感謝與期待

最後，我要感謝部門全體同事的努力和付出，正是有了大家的共同努力，我們才能取得今天的成績。我們期待在新的一年裡，迎接更多的挑戰和機會，並一起努力實現部門乃至公司的更大發展。

## 10.2.10 年度財務報告會檢討報告

撰寫一份公司舉辦的年度財務報告會檢討報告：

---

🔵 使用 Copilot 編寫草稿                                              ✕

撰寫一份公司舉辦的年度財務報告會檢討報告，描述活動的目的（回顧公司財務狀況，制定財務計劃）、規模（50名財務人員參加）和時間（2024年2月1日），並評估活動的成果（清晰了財務狀況和未來計劃）、遇到的問題（部分數據分析不夠詳細）及改進建議（增加數據分析環節），最後分享你的活動收穫（了解了公司的財務健康狀況）、感謝（感謝財務部門的努力）和期待（期待未來財務計劃的實施效果）。

187 / 2000 ⓘ

┌─────────┐  ┌──────────────────┐
│  產生   │  │ 🖉 參考您的內容    │
└─────────┘  └──────────────────┘

---

年度財務報告檢討初稿：

# 年度財務報告會檢討報告

## 活動目的

本次年度財務報告會旨在回顧公司過去一年的財務狀況，並制定未來的財務計劃。透過詳細的數據分析和討論，我們希望能夠全面了解公司的財務健康狀況，並確立下一步的財務策略。

## 活動規模

此次活動於2024年2月1日舉行，共有50名財務部門的專業人員參加。他們分別來自公司的不同部門，提供了多樣化的專業觀點和建議。

## 時間

活動在2024年2月1日舉行，一整天的會議安排緊湊而充實。

檢討報告的活動成果：

## 活動成果

透過本次財務報告會，我們成功地清晰了公司的財務狀況，同時也確立了未來的財務計劃。會議中各部門的積極參與與討論為公司未來的財務決策提供了重要的參考依據。

# 遇到的問題

在活動中，我們發現部分數據分析不夠詳細，導致某些決策環節缺乏足夠的數據支持。這在一定程度上影響了討論的深度和決策的準確性。

改進建議、個人收穫與感謝的初稿

# 改進建議

為了提升未來財務報告會的效果，我們建議增加數據分析的環節，確保每一項決策都有充分的數據支撐。這樣不僅能提高報告的精準度，也能促進更深入的討論。

# 個人收穫

透過參加本次財務報告會，我深入了解了公司的財務健康狀況，這對我未來的工作有很大的幫助。我也學習到很多數據分析的新方法，這將提升我的專業能力。

# 感謝

在此，我要特別感謝財務部門的所有同事，他們的努力和專業精神為此次會議的成功舉辦提供了有力支持。

# 期待

我非常期待未來財務計劃的實施效果，相信在大家的共同努力下，公司將迎來更加穩

# 11. 會議記錄

## 11.1 說明

　　會議基本信息是會議記錄的基礎，它提供了會議的背景和概況，讓讀者能夠快速了解會議的性質和範圍，而內容是會議記錄的核心，它反映了會議的過程和結果，讓讀者能夠清楚地掌握會議的議題、討論和決議；會議後續行動是會議記錄的延伸，它指明了會議的執行和跟進，讓讀者能夠明確地知道會議的責任和任務。

　　會議記錄的公式是：記錄＝會議基本信息（會議主題＋會議時間＋會議地點＋會議人員）＋會議討論內容（會議議題＋會議討論＋會議決議）＋會議後續行動（行動負責人＋行動期限＋行動結果）。

　　會議記錄時，有辦法錄音的話，建議可用類似雅婷逐字稿邊錄音邊轉成逐字稿，下載匯入到 Word 文件做總結。

　　針對未來會閱讀會議記錄的人說話，以具體行動導向為主，這件事未來的指導方針，以後有「爭議能當作證據」。會後能具體執行的清單，包含五要素：明確人物、具體動作、截止日期、產品／服務／文件交付標準、沒有達成績效會有什麼結果。

　　會議中紀錄具體要行動的關鍵事項，可使用康乃爾筆記法。

　　康乃爾筆記法（Cornell Note-taking System）是一種高效的筆記整理方法，旨在幫助學生和專業人士在學習和工作中有效地記錄和回顧信息。這種方法由康乃爾大學的教授 Walter Pauk 於 1940 年代創立，經過多年實踐證明其效果顯著。康乃爾筆記法的特點在於其結構化的布局，讓筆記更有條理、易於回顧和理解。

　　康乃爾筆記法主要包括以下幾個部分：

　　標題區（Heading Area）：在頁面的頂部寫下筆記的主題或標題，並註明日期和課程名稱或會議名稱。這樣可以方便日後查找和整理筆記。

主要筆記區（Note-taking Area）：在頁面的右側較大的區域，用於記錄課堂或會議中的主要內容和細節。在這部分，建議使用簡潔的短語和要點，而不是長篇大論，這樣更有助於快速理解和回顧。

提示區（Cue Column）：在頁面的左側較窄的區域，用於記錄關鍵詞、問題或簡短的提示。這些提示可以是對主要筆記的補充，幫助你快速定位和回憶主要內容。

摘要區（Summary Area）：在頁面的底部，用於寫下對整篇筆記的總結或反思。這部分通常在筆記完成後或回顧時填寫，幫助加深理解和記憶。

運用康乃爾筆記法來做會議紀錄可以幫助你更有條理地記錄會議內容，方便日後查閱和回顧。以下是具體步驟和示例，幫助你在會議紀錄中有效應用康乃爾筆記法：

步驟一：準備工作

1. 劃分頁面：

　- 將頁面分為四個部分：標題區、提示區、主要筆記區和摘要區。

　- 標題區位於頁面的頂部，提示區位於頁面的左側，主要筆記區位於頁面的右側，摘要區位於頁面的底部。

步驟二：會議進行中

2. 標題區：

　- 寫下會議名稱、日期和主要參與者。

示例：

會議名稱：市場部季度會議

日期：2024 年 5 月 24 日

參與者：張三、李四、王五、陳六

3. 主要筆記區：

　　- 記錄會議的主要內容和細節。注意使用簡短的短語和要點，而不是長篇大論。

　　示例：

- 新產品上市計劃

　- 產品名稱：XYZ

　- 上市日期：2024 年 6 月 15 日

　- 目標市場：東南亞

- 市場推廣策略

　- 社交媒體廣告

　- 合作媒體宣傳

- 銷售目標

　- 第一季度目標：100 萬美元

4. 提示區：

- 記錄關鍵詞、問題或重要概念，幫助快速定位和理解主要內容。

　示例：

- 新產品 XYZ

- 推廣策略

- 銷售目標

- 媒體合作

步驟三：會議結束後

5. 摘要區：

　　- 在會議結束後，根據主要筆記區的內容，寫下對整次會議的總結或反思。

　　示例：

　　會議總結：此次會議主要討論了 XYZ 產品的上市計劃和市場推廣策略。重點強調了東南亞市場的潛力以及社交媒體和媒體合作的重要性。銷售目標設定為第一季度達到 100 萬美元，所有參與者需密切配合，確保計劃順利實施。

　　會議記錄的公式的示例如下：

　　會議記錄的形式：紀要

　　會議記錄的範圍：摘要

　　會議記錄的語氣：正式

　　會議記錄的內容：

　　會議主題：2024 年第一季度業績報告

　　會議時間：2024 年 5 月 26 日 14:00-16:00

　　會議地點：公司會議室

　　會議人員：銷售部全體員工，銷售經理李明主持

　　會議議題一：2024 年第一季度業績總結

　　會議討論：李明經理向大家報告了 2024 年第一季度的銷售數據和市場分析，並對銷售團隊的工作給予了肯定和鼓勵。

　　會議決議：無

　　會議議題二：2024 年第二季度業績目標和策略

會議討論：李明經理向大家介紹了 2024 年第二季度的銷售目標和策略，並邀請大家提出意見和建議。

會議決議：通過了 2024 年第二季度的銷售目標和策略，並將其分配給各個銷售小組。

會議議題三：銷售團隊的培訓和獎勵

會議討論：李明經理向大家宣布了銷售團隊的培訓計劃和獎勵制度，並鼓勵大家積極參與和努力工作。

會議決議：無

行動負責人：各個銷售小組的組長

行動期限：2024 年 6 月 30 日

行動結果：完成 2024 年第二季度的銷售目標和策略的執行和評估，並向李明經理報告。

## 11.2 案例

### 11.2.1 會議記錄逐字稿

會議主題：如何提高銷售業績

參與人員：

小李（銷售經理）

小王（市場部經理）

小張（產品經理）

小李：各位，我們這次會議的主要目的是討論如何提高我們的銷售業績。我認為，我們需要加大廣告投放，讓更多潛在客戶知道我們的產品。

小王：廣告投放確實重要，但我們目前的預算有限，廣告費用會很快就用完了。我認為，我們應該先優化現有的市場策略，提高轉化率，而不是一味增加廣告投放。

小張：我不同意小王的觀點。我們的產品有自己的競爭力，只是目前的市場反應平平。我認為我們應該著重改進產品，推出一些新的功能，來吸引更多客戶。

小李：小張，改進產品需要時間，我們現在需要的是短期內看到效果。增加廣告投放是最快的方法。我們可以考慮在社交媒體上進行一些低成本的宣傳活動。

小王：低成本的社交媒體宣傳效果未必理想。與其花錢在廣告上，不如加強我們的客戶服務，提高客戶滿意度，讓現有客戶幫我們宣傳，這樣更有效。

小張：客戶服務確實重要，但我們不能把所有希望都寄託在客戶口碑上。產品是核心，如果產品沒有吸引力，再多的宣傳也沒用。我們應該進行市場調研，了解客戶的需求，針對性地改進產品。

小李：市場調研也需要時間，而且我們已經有不少市場數據了，重點是怎麼利用這些數據。我還是認為增加廣告投放是當前最有效的方式。

小王：數據顯示，我們的產品在某些市場表現不錯，我們應該集中資源在這些市場，而不是盲目擴大廣告範圍。這樣可以提高資源的利用效率。

小張：集中資源在某些市場確實有道理，但我們也不能忽視其他潛在市場。我們需要一個平衡點，不僅要優化現有市場，還要開拓新市場。

小李：我同意小張的觀點，市場不能單一，但我們現在的重點是提升業績，擴大市場需要長期規劃。我還是建議先從廣告入手，短期內見效。

小王：廣告投放需要精準，我們不能一哄而上。我建議先試行一小部分預算進行測試，根據效果再決定是否擴大投放。

小張：測試是必要的，但我們需要制定具體的測試方案，確保測試結果具有參考價值。我認為產品改進和市場推廣應該同步進行，不能偏廢其一。

小李：好，那我們就這樣決定吧。先進行小範圍的廣告測試，根據效果再擴大投放，同時我們也進行市場調研和產品改進。大家還有其他建議嗎？

小王：沒問題，但我們需要明確分工，避免工作重複或互相影響。我來負責廣告測試，小張負責產品改進，小李你負責整體協調和進度跟進。

小張：這樣安排可以，我會盡快著手市場調研，並提出改進方案。希望大家多多配合，共同提高我們的銷售業績。

小李：好的，那今天的會議就到這裡，感謝大家的參與。希望我們能夠齊心協力，把銷售業績提升既定金額。

## 11.2.2 會議記錄匯入 Word 使用 Copilot 摘要

把會議記錄逐字稿貼到 Word 檔案內，首先「常見」標籤下的功能列，點選 Copilot 圖示，開啟右側訊息欄。

再來，使用右側訊息欄底部的輸入欄位。

右側訊息欄底部，看到圖示「　　　　　　　　　」，點選「摘要這份文件的內容摘要」。

點選後，Copilot 會在右側訊息欄位中產生此份會議記錄的摘要，包含會議目的、分歧：

再來是會議的決定、分工以及結論：

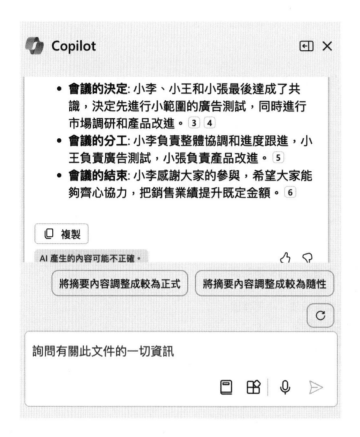

# 12. Email

## 12.1 說明

Email 是推進事情的關鍵步驟，需要發信代表這件事，要不是緊急，要不然就很重要。

每個人每天信箱打開就有讀不完的 email，郵件標題比內文更重要，其公式如下：

email= 主題行（主題概述＋主題重要性＋主題期待）＋正文開頭（稱呼對方＋自我介紹＋寫信目的）＋正文主體（正文內容＋正文邏輯＋正文語氣）＋正文結尾（結尾總結＋結尾期待＋結尾禮貌）

在華文行文習慣中，緊急或特別重要的動作可以使用「【 】」格式。

標題正確示範：

「請確認 A 客戶 9 月份的提案資料」，而非「提案資料 0501」

「請依照需求單 0001 號測試結果修改 Bug」，而非「測試結果」

「邀請某某長官參加下週三（5 月 15 日）的工廠視察」，而非「關於視察邀請」

正文部分，善用清單體，重要的時間、地點、聯絡方式，以行動、觀點、事實、視野為基礎。必須注意的是，內容一陀字不好讀：

為了與貴公司一起成長，本公司列出過去重要的成就，我們的 CEO 會在週一業績發佈會上演講，演講結束後接受媒體的專訪，以彰顯這次本公司的業績表現。為了更好的宣傳這次發佈會，已寄給您業績報告與 CEO 演講稿。

「1.【待辦】我寫這封郵件給您，是希望您能確認附件中的公司年度業績報告與演講稿。

2.【目標】這份報告旨在展示我們公司在過去一年中的重大成就，並突出我們在市場上的競爭優勢。

3.【補充信息】我們的 CEO 將於下週一在年度業績發布會上發表講話，並接受媒體採訪。相關內容將在發布會後即時更新到報告中。」

結尾：

明確具體動作，希望對方能執行的動作

附件：

命名原則是對方在電腦內找得到，格式為：主題 + 作者 + 時間 + 版本

附件多，可在結尾說明附件一是，附件二是

發送前，應該是誰關心，還有誰應該知道這件事，收件人還希望誰知道

## 12.2 案例

### 12.2.1 針對確認 A 客戶提案資料：

首先，進入 Outlook 點選 Copilot 圖示。

　　點選撰寫草稿視窗,鍵入「生成一封請求確認 A 客戶 9 月份提案資料的 Email,包括主題行(主題概述＋主題重要性＋主題期待)、正文開頭(稱呼對方＋自我介紹＋寫信目的)、正文主體(正文內容＋正文邏輯＋正文語氣)和正文結尾(結尾總結＋結尾期待＋結尾禮貌),標題中強調緊急性。」

　　在「  」此圖示中可以點選下拉式選單,我們可以點選「讓內容聽起來更正式」。

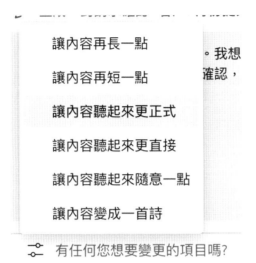

讓內容再長一點

讓內容再短一點

**讓內容聽起來更正式**

讓內容聽起來更直接

讓內容聽起來隨意一點

讓內容變成一首詩

有任何您想要變更的項目嗎?

< 2/2 > 讓內容聽起來更正式　　　　　　ⓘ AI 產生的內容可能不正確。

敬啟者:

我是李成胤,我謹此確認您是否已經收到了客戶A的9月份提案資料。這份提案對於我們公司的未來發展至關重要,我們期盼您的寶貴意見。如果您需要更多相關資訊,請隨時與我聯繫。我想請您儘早回覆,以確認您已收到這份提案。感謝您的配合與支持。

有任何您想要變更的項目嗎?　　　　　　　　　　　　　→

✓ 保留　　🗑 捨棄　　↻ 重試

也可以在欄位中要求更多細緻的要求:

希望在下週一下班前回應　　　　　　　　　　　　　　→

## 12.2.2 針對測試結果修改 Bug：

生成一封請求依照需求單 0001 號測試結果修改 Bug 的 Email，包括主題行（主題概述＋主題重要性＋主題期待）、正文開頭（稱呼對方＋自我介紹＋寫信目的）、正文主體（正文內容＋正文邏輯＋正文語氣）和正文結尾（結尾總結＋結尾期待＋結尾禮貌），標題中強調重要性。

生成需求單初稿：

### 12.2.3 邀請長官參加工廠視察：

生成一封邀請某某長官參加下週三（5 月 15 日）工廠視察的 Email，包括主題行（主題概述＋主題重要性＋主題期待）、正文開頭（稱呼對方＋自我介紹＋寫信目的）、正文主體（正文內容＋正文邏輯＋正文語氣）和正文結尾（結尾總結＋結尾期待＋結尾禮貌），標題中強調期待。

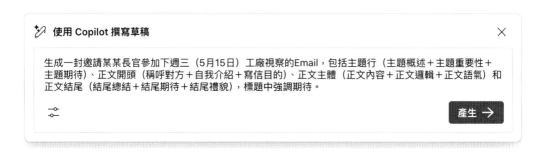

邀請長官參與的初稿：

### 12.2.4 要求確認年度業績報告：

生成一封請求確認年度業績報告的 Email，包括主題行（主題概述＋主題重要性＋主題期待）、正文開頭（稱呼對方＋自我介紹＋寫信目的）、正文主體（正文內容＋正文邏輯＋正文語氣）和正文結尾（結尾總結＋結尾期待＋結尾禮貌），標題中強調報告的重要性。

年度業績電子郵件初稿：

## 12.2.5 通知會議變更：

生成一封通知下週會議時間和地點變更的 Email，包括主題行（主題概述＋主題重要性＋主題期待）、正文開頭（稱呼對方＋自我介紹＋寫信目的）、正文主體（正文內容＋正文邏輯＋正文語氣）和正文結尾（結尾總結＋結尾期待＋結尾禮貌），標題中強調變更信息的緊急性。

通知會議改動的時間和地點：

讓內容改得更正式：

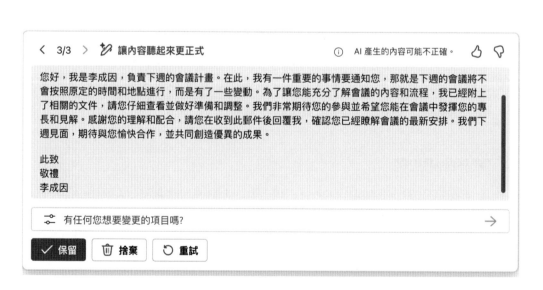

### 12.2.6 提醒提交月度報告：

生成一封提醒提交本月月度報告的 Email，包括主題行（主題概述＋主題重要性＋主題期待）、正文開頭（稱呼對方＋自我介紹＋寫信目的）、正文主體（正文內容＋正文邏輯＋正文語氣）和正文結尾（結尾總結＋結尾期待＋結尾禮貌），標題中強調提交期限。

本月月度報告的信初稿：

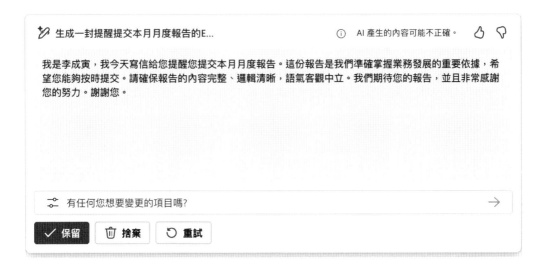

### 12.2.7 跟進客戶反饋：

生成一封跟進 B 客戶反饋的 Email，包括主題行（主題概述＋主題重要性＋主題期待）、正文開頭（稱呼對方＋自我介紹＋寫信目的）、正文主體（正文內容＋正文邏輯＋正文語氣）和正文結尾（結尾總結＋結尾期待＋結尾禮貌），標題中強調回覆的重要性。

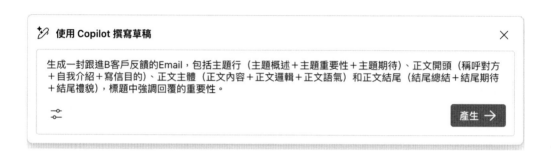

跟客戶反饋的 email 初稿：

## 12.2.8 發送會議紀要：

生成一封發送上週會議紀要的 Email，包括主題行（主題概述＋主題重要性＋主題期待）、正文開頭（稱呼對方＋自我介紹＋寫信目的）、正文主體（正文內容＋正文邏輯＋正文語氣）和正文結尾（結尾總結＋結尾期待＋結尾禮貌），標題中強調紀要內容的重要性。

上週會議記錄的 email 初稿：

### 12.2.9 通知員工教育訓練：

生成一封通知下週員工教育訓練的 Email，包括主題行（主題概述＋主題重要性＋主題期待）、正文開頭（稱呼對方＋自我介紹＋寫信目的）、正文主體（正文內容＋正文邏輯＋正文語氣）和正文結尾（結尾總結＋結尾期待＋結尾禮貌），標題中強調培訓的重要性和期待。

生成初稿：

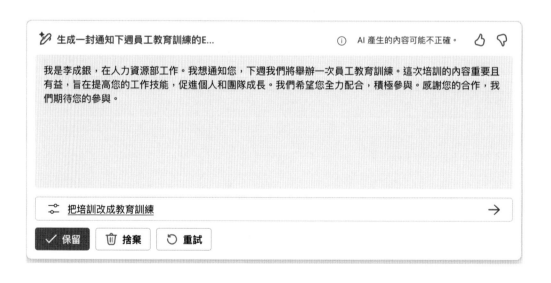

由於培訓是大陸用語,我們改成「教育訓練」較為恰當:

## 12.2.10 要求提供專案資料:

生成一封請求提供 XYZ 專案相關資料的 Email,包括主題行(主題概述＋主題重要性＋主題期待)、正文開頭(稱呼對方＋自我介紹＋寫信目的)、正文主體(正文內容＋正文邏輯＋正文語氣)和正文結尾(結尾總結＋結尾期待＋結尾禮貌),標題中強調資料的緊急性。

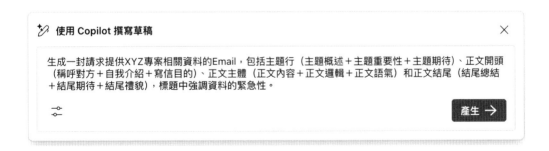

提供 XYZ 專案報告的 email 初稿：

寫得不是很好，這時可用 Copilot 指導，這像是一位教練，能給予正確的引導。

把語氣改成「正式」：

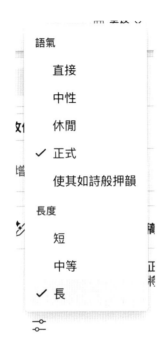

我們調整成「正式」、「長」來修正：

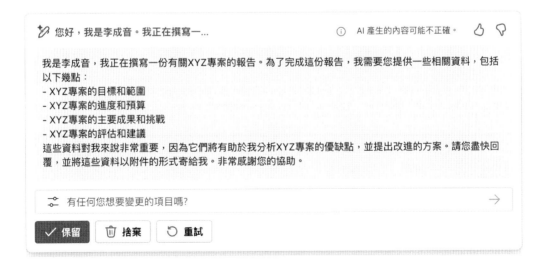

## 12.2.11 通知系統維護：

生成一封通知公司系統將於週末進行維護的 Email，包括主題行（主題概述＋主題重要性＋主題期待）、正文開頭（稱呼對方＋自我介紹＋寫信目的）、正文主體（正文內容＋正文邏輯＋正文語氣）和正文結尾（結尾總結＋結尾期待＋結尾禮貌），標題中強調維護時間和影響。

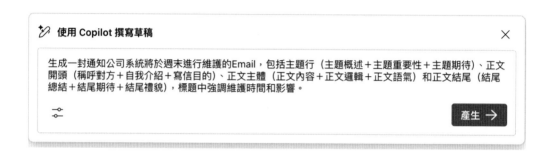

公司系統將於週末進行維護的 Email 初稿：

### 12.2.12 提醒完成年度目標設定：

生成一封提醒部門完成年度目標設定的 Email，包括主題行（主題概述＋主題重要性＋主題期待）、正文開頭（稱呼對方＋自我介紹＋寫信目的）、正文主體（正文內容＋正文邏輯＋正文語氣）和正文結尾（結尾總結＋結尾期待＋結尾禮貌），標題中強調目標設定的重要性和期限。

提醒部門完成年度目標設定的 Email 初稿：

## 12.2.13 邀請參加年度晚會：

生成一封邀請參加公司年度晚會的 Email，包括主題行（主題概述＋主題重要性＋主題期待）、正文開頭（稱呼對方＋自我介紹＋寫信目的）、正文主體（正文內容＋正文邏輯＋正文語氣）和正文結尾（結尾總結＋結尾期待＋結尾禮貌），標題中強調活動的重要性和期待。

參加公司年度晚會的 Email：

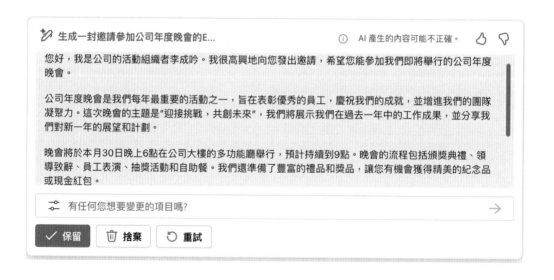

信本文初稿結尾再次提醒對方參加：

## 12.2.14　通知薪資調整：

生成一封通知員工薪資調整的 Email，包括主題行（主題概述＋主題重要性＋主題期待）、正文開頭（稱呼對方＋自我介紹＋寫信目的）、正文主體（正文內容＋正文邏輯＋正文語氣）和正文結尾（結尾總結＋結尾期待＋結尾禮貌），標題中強調調整的具體內容和影響。

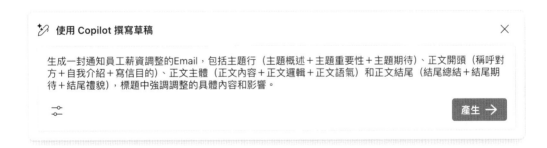

對員工薪資進行調整的通知信初稿：

## 12.2.15 確認產品訂單：

生成一封請求確認最新產品訂單的 Email，包括主題行（主題概述＋主題重要性＋主題期待）、正文開頭（稱呼對方＋自我介紹＋寫信目的）、正文主體（正文內容＋正文邏輯＋正文語氣）和正文結尾（結尾總結＋結尾期待＋結尾禮貌），標題中強調訂單的重要性和期待。

確認最新產品訂單的通知信初稿：

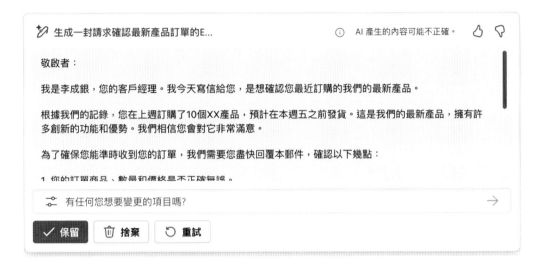

文中強調儘快回覆這封 email：

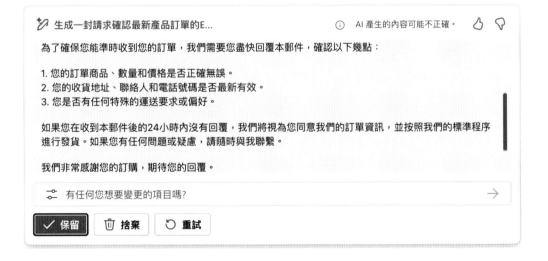

## 12.2.16 更新公司政策：

生成一封通知更新公司政策的 Email，包括主題行（主題概述＋主題重要性＋主題期待）、正文開頭（稱呼對方＋自我介紹＋寫信目的）、正文主體（正文內容＋正文邏輯＋正文語氣）和正文結尾（結尾總結＋結尾期待＋結尾禮貌），標題中強調政策變更的重要性。

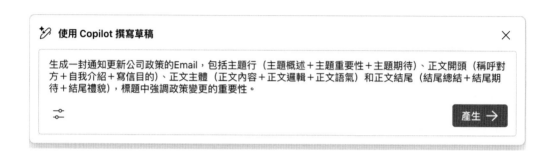

更新公司政策的 email 初稿：

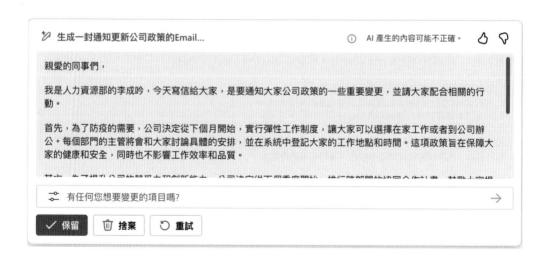

針對跨部門合作與鼓勵大家解決客戶需求，並強調是公司高層的決策：

## 12.2.17 通知專案審批結果：

生成一封通知專案審批結果的 Email，包括主題行（主題概述＋主題重要性＋主題期待）、正文開頭（稱呼對方＋自我介紹＋寫信目的）、正文主體（正文內容＋正文邏輯＋正文語氣）和正文結尾（結尾總結＋結尾期待＋結尾禮貌），標題中強調審批結果的重要性和影響。

通知專案審批結果的 email 初稿：

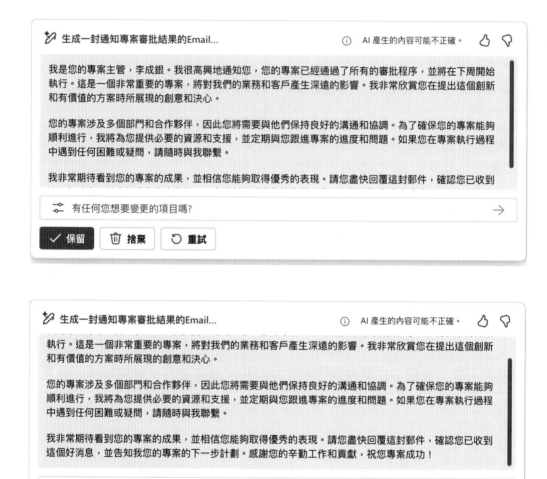

### 12.2.18 邀請參加產品發布會：

生成一封邀請客戶參加新產品發布會的 Email，包括主題行（主題概述＋主題重要性＋主題期待）、正文開頭（稱呼對方＋自我介紹＋寫信目的）、正文主體（正文內容＋正文邏輯＋正文語氣）和正文結尾（結尾總結＋結尾期待＋結尾禮貌），標題中強調活動的重要性和期待。

邀請客戶參加新產品發布的 email 初稿：

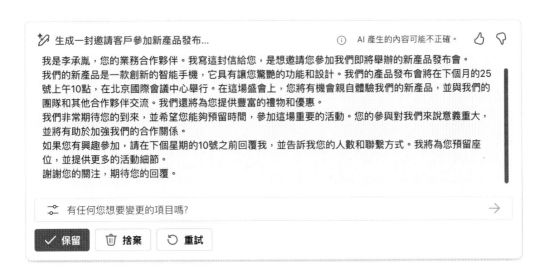

## 12.2.19 請求協助解決問題：

生成一封請求同事協助解決某問題的 Email，包括主題行（主題概述＋主題重要性＋主題期待）、正文開頭（稱呼對方＋自我介紹＋寫信目的）、正文主體（正文內容＋正文邏輯＋正文語氣）和正文結尾（結尾總結＋結尾期待＋結尾禮貌），標題中強調問題的緊急性和重要性。

請求同事解決問題的 email 初稿：

## 12.2.20 跟進付款事宜：

生成一封跟進客戶付款事宜的 Email，包括主題行（主題概述＋主題重要性＋主題期待）、正文開頭（稱呼對方＋自我介紹＋寫信目的）、正文主體（正文內容＋正文邏輯＋正文語氣）和正文結尾（結尾總結＋結尾期待＋結尾禮貌），標題中強調付款的緊急性和期待。

跟進客戶付款事宜的 email 初稿：

# 13. 請人幫忙

## 13.1 說明

在辦公室職場中，我們經常需要請別人幫忙，無論是向同事、上司、下屬、客戶或合作夥伴，我們都需要用恰當的文案來表達我們的需求，讓對方願意並能夠幫助我們。這邊將介紹一個簡單而有效的文案公式，幫助我們寫出清晰、合理、誠懇的請人幫忙的文案。

這個公式是：文案 = 問題描述（問題背景＋問題影響＋問題緊急性）＋幫忙方式（具體行動＋期限要求＋回報方式）＋感謝表達（感謝語氣＋合作意願＋回饋承諾）。

請人幫忙的文案，是一種常見的職場寫作，它的目的是讓對方了解我們的需求，並且感受到我們的誠意和尊重，從而願意並能夠幫助我們。為了達到這個目的，我們需要在文案中包含三個要素，分別是問題描述、幫忙方式和感謝表達。這三個要素構成了一個簡單而有效的文案公式，即：文案 = 問題描述（問題背景＋問題影響＋問題緊急性）＋幫忙方式（具體行動＋期限要求＋回報方式）＋感謝表達（感謝語氣＋合作意願＋回饋承諾）。下面我們將分別解釋這三個要素的含義和作用。

問題描述是文案的第一個要素，它的作用是讓對方了解我們為什麼需要請他們幫忙，我們遇到了什麼問題，這個問題有多嚴重，以及需要多快解決。問題描述可以分為三個部分，分別是問題背景、問題影響和問題緊急性。

問題背景是指我們遇到問題的原因和情況，它可以幫助對方了解我們的需求是合理的，不是隨意的或是故意的。問題背景可以用事實、數據、規則、政策等來說明，避免使用主觀的評價或情緒。

問題影響是指這個問題會對我們或者對方造成什麼損失或困難，它可以幫助對方感受到我們的困境和壓力，並且激發對方的同情心和責任心。問題影響可以用具體的例子、數字、比較等來展示，避免使用誇張的語言或威脅的口氣。

　　問題緊急性是指這個問題需要在多久內解決，它可以幫助對方明白我們的期望和時間限制，並且提醒對方儘快行動。問題緊急性可以用具體的日期、時間、截止點等來表示，避免使用模糊的詞語或過於緊迫的要求。

## 幫忙方式

　　幫忙方式是文案的第二個要素，它的作用是讓對方知道我們希望他們如何幫助我們，我們需要他們做什麼，什麼時候做，以及我們會如何回報他們。幫忙方式可以分為三個部分，分別是具體行動、期限要求和回報方式。

　　具體行動是指我們需要對方做的事情，它可以幫助對方明確我們的需求和標準，並且減少對方的猜測和困惑。具體行動可以用動詞、名詞、條件等來描述，避免使用含糊的詞語或過於複雜的要求。

　　期限要求是指我們希望對方在什麼時候完成這個行動，它可以幫助對方安排他們的時間和工作，並且避免延遲或遺忘。期限要求可以用具體的日期、時間、順序等來指定，避免使用不確定的詞語或過於緊迫的要求。

　　回報方式是指我們會如何感謝和回報對方的幫助，它可以幫助對方感受到我們的誠意和尊重，並且增加對方的合作意願和信任感。回報方式可以用具體的承諾、禮物、服務等來表示，避免使用空洞的詞語或過於豪華的承諾。

## 感謝表達

　　感謝表達是文案的第三個要素，它的作用是讓對方知道我們對他們的幫助感到感激，並且希望與他們保持良好的關係，感謝表達可以分為三個部分，分別是感謝語氣、合作意願和回饋承諾。

　　感謝語氣是指我們用禮貌和友好的語言來表達我們的感激，它可以幫助對方感受到我們的尊重和欣賞，並且減少對方的負擔和壓力。感謝語氣可以用感謝的詞語、稱讚的詞語、道歉的詞語等來表達，避免使用冷漠的詞語或抱怨的詞語。

合作意願是指我們表達我們願意與對方繼續合作，並且尊重對方的意見和建議，它可以幫助對方感受到我們的誠信和開放，並且增加對方的信心和滿意度。合作意願可以用邀請的詞語、請求的詞語、建議的詞語等來表達，避免使用命令的詞語或拒絕的詞語。

回饋承諾是指我們承諾我們會及時地向對方回報我們的進展和結果，並且與對方分享我們的收穫和感想，它可以幫助對方感受到我們的負責和關心，並且增加對方的參與感和貢獻感。回饋承諾可以用承諾的詞語、保證的詞語、分享的詞語等來表達，避免使用忘記的詞語或隱瞞的詞語。

## 文案公式的應用

在這一部分，我們將運用文案公式，分析幾個實際的案例，並解釋為什麼這個公式能夠提高文案的效果，增加對方的合作意願和信任感。我們將從四個不同的情境出發，分別是向同事、上司、下屬和客戶請人幫忙，並且給出一個好的文案和一個不好的文案，進行對比和評價。

## 向同事請人幫忙

在辦公室職場中，我們經常需要向同事請人幫忙，無論是因為工作量過大、技能不足、時間緊迫或其他原因，我們都需要用恰當的文案來表達我們的需求，讓同事願意並能夠幫助我們。以下是一個向同事請人幫忙的案例，我們需要向同事請求他們幫我們修改一份報告的格式，並且在今天下午五點之前發送給我們。

一個好的文案是：

親愛的同事們，你們好：

我正在為明天的重要會議準備一份報告，但是我發現我不太熟悉報告的格式要求，而且我還有很多其他的工作要做，所以我想請你們幫我一個忙。

　　我需要你們幫我修改一下報告的格式，讓它符合公司的標準，包括字體、字號、行距、頁眉、頁腳等細節。這份報告大約有十頁，我已經將它附在這封郵件中，你們可以選擇其中的一部分或全部來幫我修改，只要能夠保持一致就好。我希望你們能夠在今天下午五點之前將修改好的報告發送給我，這樣我就有足夠的時間來檢查和列印。

　　如果你們願意幫我這個忙，我將非常感激，並且我會在明天的會議中向大家報告我們的成果，並且表揚你們的貢獻。如果你們有任何問題或建議，請隨時跟我聯繫，我會盡快回覆你們。

　　謝謝你們的幫助和合作，我們一起加油！

　　你的同事，XXX

　　一個不好的文案是：

　　同事們，你們好：

　　我有一份報告要交，但是我不會弄格式，你們能不能幫我弄一下，今天下午五點之前給我，不然我會被老闆罵的。

　　報告在附件裡，你們自己看著辦吧，別忘了。

　　謝了。

　　XXX

　　我們可以看到，好的文案和不好的文案的差別非常明顯，好的文案運用了文案公式，包含了問題描述、幫忙方式和感謝表達，而不好的文案則沒有。好的文案的優點有以下幾個：

　　親切和禮貌的稱呼和結尾，表達了對同事的尊重和友好。

問題背景，說明了為什麼需要請同事幫忙，讓同事了解需求的合理性。

問題影響，說明了如果沒有同事的幫助，會對報告和會議造成什麼損失，讓同事感受到需求的重要性。

問題緊急性，說明了需要在今天下午五點之前完成報告的格式修改，讓同事明白需求的時間限制。具體行動，說明了需要同事做的事情，讓同事明確需求的標準和範圍。

## 13.2 案例

### 13.2.1 針對不熟的同事請求幫忙修改報告格式

請生成一個跟我不熟的同事請求幫忙修改報告格式的文案，包含問題描述、幫忙方式和感謝表達。其公式是：

文案＝問題描述（問題背景＋問題影響＋問題緊急性）＋幫忙方式（具體行動＋期限要求＋回報方式）＋感謝表達（感謝語氣＋合作意願＋回饋承諾）。

---

🔷 使用 Copilot 編寫草稿      ✕

請生成一個跟我不熟的同事請求幫忙修改報告格式的文案，包含問題描述、幫忙方式和感謝表達。其公式是：
文案=問題描述（問題背景＋問題影響＋問題緊急性）＋幫忙方式（具體行動＋期限要求＋回報方式）＋感謝表達（感謝語氣＋合作意願＋回饋承諾）

116 / 2000

產生

跟不熟的同事請求幫忙改善報告初稿：

親愛的同事：

您好，我是負責XXX項目的YYY。我正在準備一份關於項目進展的報告，需要您的幫忙。

由於我對報告的格式不太熟悉，我遇到了一些困難。這對報告的質量和可讀性有很大的影響。而且，報告的截止日期是明天下午五點，時間非常緊迫。

因此，我想請求您幫我修改一下報告的格式，讓它符合公司的標準。您只需要檢查報告的字體、間距、編號、頁眉和頁腳等細節，並給我一些改進的建議。如果您能在明天中午之前完成這項工作，我將非常感激。您可以通過電子郵件或微信將修改後的報告發送給我。

在此，我衷心感謝您的幫助和支持。我希望我們能夠繼續合作，共同完成這個項目。如果您有任何需要我幫忙的地方，請隨時告訴我，我會盡力回報您的善意。

謝謝您！

## 13.2.2 針對上司請求幫忙確認會議資料

請生成一個向上司請求幫忙確認會議資料的文案，包含問題描述、幫忙方式和感謝表達。

文案＝問題描述（問題背景＋問題影響＋問題緊急性）＋幫忙方式（具體行動＋期限要求＋回報方式）＋感謝表達（感謝語氣＋合作意願＋回饋承諾）。

---

🤖 使用 Copilot 編寫草稿　　　　　　　　　　　　　　✕

請生成一個向上司請求幫忙確認會議資料的文案，包含問題描述、幫忙方式和感謝表達。
文案＝問題描述（問題背景＋問題影響＋問題緊急性）＋幫忙方式（具體行動＋期限要求＋回報方式）＋感謝表達（感謝語氣＋合作意願＋回饋承諾）

107 / 2000

產生

# 問題描述

- 我們的團隊負責下週一舉行的重要會議的準備工作，包括撰寫會議議程、整理相關資料和設計簡報。
- 由於會議涉及多個部門和客戶，我們需要確保會議資料的準確性和完整性，避免出現任何錯誤或遺漏。
- 由於時間緊迫，我們只有今天下午五點前完成會議資料的最終修訂，並提交給會議主持人。

# 幫忙方式

- 我希望您能幫我們檢查一下會議資料，看看是否有需要修改或補充的地方。
- 如果您能在今天下午四點前回覆我們，我們就有足夠的時間進行調整和確認。
- 您可以直接在附件的會議資料文件中進行註解或修改，或者您也可以通過電話或電子郵件告訴我們您的意見和建議。

內文結尾一定要表達感謝：

# 感謝表達

- 我非常感謝您在百忙之中抽出時間幫我們檢查會議資料，這對我們的工作非常有幫助。
- 我們期待與您的合作，並希望能夠順利完成這次會議的準備工作。
- 如果您有任何其他的需求或建議，請隨時告訴我們，我們會盡快回應和處理。

< 1 / 1 >　🖉 請生成一個向上... 　　　　　　　　AI 產生的內容可能不正確。 🖒 🖓

✓ 保留　⟳　🗑　　例如，「在此草稿上詳細闡述」　　　　　　　→

### 13.2.3 針對下屬請求幫忙完成數據整理

請生成一個向下屬請求幫忙完成數據整理的文案，包含問題描述、幫忙方式和感謝表達。

文案＝問題描述（問題背景＋問題影響＋問題緊急性）＋幫忙方式（具體行動＋期限要求＋回報方式）＋感謝表達（感謝語氣＋合作意願＋回饋承諾）。

---

🌀 **使用 Copilot 編寫草稿** ✕

請生成一個向下屬請求幫忙完成數據整理的文案，包含問題描述、幫忙方式和感謝表達。
文案＝問題描述（問題背景＋問題影響＋問題緊急性）＋幫忙方式（具體行動＋期限要求＋回報方式）＋感謝表達（感謝語氣＋合作意願＋回饋承諾）

107 / 2000

產生

---

下屬幫忙完成數據整理：

親愛的下屬：

你好，我是你的主管。我現在需要你的幫忙，完成一項數據整理的任務。

問題描述：我們部門最近收到了一份客戶滿意度調查的原始數據，共有1000多份問卷。這些數據對我們的業務發展和服務改進非常重要，但是它們還沒有經過清洗和分析，所以我們不能直接使用。而且，我們的上級要求我們在下周一之前提交一份數據報告，向他們展示我們的客戶滿意度情況和改進措施。這意味著我們只有很短的時間來處理這些數據，否則我們會錯過重要的機會和期限。

幫忙方式：因為我現在還有其他的工作要處理，所以我希望你能夠接手這項數據整理的任務。具體來說，我需要你做以下幾件事：

1. 將原始數據轉換成Excel格式，並且刪除無效或重複的問卷。

2. 對數據進行統計分析，計算出每個問題的平均分、標準差、最高分和最低分，並且用圖表的形式展示出來。

3. 根據數據分析的結果，找出客戶滿意度的優勢和劣勢，並且提出一些改進的建議和方案。

身為主管不能什麼事都跳下去處理，下屬的責任還是要自己解決：

我希望你能夠在本周五下午5點之前完成這項任務，並且將你的數據報告發送到我的郵箱。如果你在過程中遇到任何問題或困難，請及時和我聯繫，我會盡力幫助你。

感謝表達：我非常感謝你願意幫我完成這項任務，我知道這對你來說可能是一個挑戰和壓力，但是我相信你有能力做好這件事。你的幫助對我們部門的工作非常重要，我們將因此受益匪淺。我期待著看到你的數據報告，並且我會在適當的時候給你一些正面的回饋和獎勵。謝謝你的合作和努力，祝你工作順利！

你的主管

## 13.2.4 針對客戶請求提供意見以改善服務

請生成一個向客戶請求提供意見以改善服務的文案，包含問題描述、幫忙方式和感謝表達。

文案＝問題描述（問題背景＋問題影響＋問題緊急性）＋幫忙方式（具體行動＋期限要求＋回報方式）＋感謝表達（感謝語氣＋合作意願＋回饋承諾）。

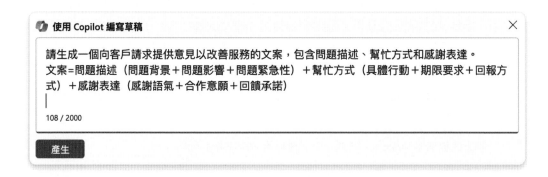

跟客戶請求提供意見改善的初稿：

**親愛的合作夥伴：**

您好！我們是XX公司，負責開發和維護YY系統。我們在最近的一次系統更新中遇到了一個技術問題，需要您的幫助。

**問題描述：**

我們在2024年6月27日進行了系統更新，但是發現更新後的系統與您提供的ZZ模塊不兼容，導致系統無法正常運行。這個問題嚴重影響了我們的客戶服務和業務效率，並且可能造成客戶流失和信譽損失。我們認為這是一個緊急的問題，需要盡快解決。

**幫忙方式：**

我們希望您能夠盡快檢查ZZ模塊的代碼，並且提供一個兼容的版本或者一個臨時的解決方案。我們的期限是2024年6月30日之前，如果您能夠提前完成，我們將不勝感激。請您在完成後通過電話或電子郵件與我們聯繫，我們的聯繫方式如下：

電話：+86–123456789

電子郵件：xx@yy.com

**感謝表達：**

我們非常感謝您的合作和支持，您的技術水平和服務態度一直讓我們印象深刻。我們希望能夠繼續與您保持良好的合作關係，並且在未來的項目中共同創造更多的價值。作為回饋，我們將為您提供一定的優惠或者獎勵，具體細節我們將在問題解決後與您商討。

## 13.2.5 針對合作夥伴請求提供技術支持

請生成一個向合作夥伴請求提供技術支持的文案，包含問題描述、幫忙方式和感謝表達。

文案＝問題描述（問題背景＋問題影響｜問題緊急性）＋幫忙方式（具體行動＋期限要求＋回報方式）＋感謝表達（感謝語氣＋合作意願＋回饋承諾）。

---

**使用 Copilot 編寫草稿** ✕

請生成一個向合作夥伴請求提供技術支持的文案，包含問題描述、幫忙方式和感謝表達。
文案＝問題描述（問題背景＋問題影響＋問題緊急性）＋幫忙方式（具體行動＋期限要求＋回報方式）＋感謝表達（感謝語氣＋合作意願＋回饋承諾）

107 / 2000

產生

---

向合作夥伴請求提供技術支持的文案初稿：

親愛的合作夥伴：

您好，我們是XX公司，負責開發YY產品。我們在使用您提供的ZZ技術時遇到了一些困難，希望您能給予我們一些技術支持。

問題描述：

我們在2024年6月15日購買了您的ZZ技術，並在2024年6月20日開始在我們的產品中集成。我們按照您提供的文檔和示例進行了配置和測試，但是發現了以下問題：

- ZZ技術的運行速度遠低於我們的預期，影響了我們產品的性能和用戶體驗。
- ZZ技術在某些情況下會出現錯誤提示，導致我們產品的功能失效或崩潰。
- ZZ技術的文檔和示例不夠詳細和完善，我們無法找到解決問題的方法和資源。

這些問題對我們的產品開發造成了嚴重的影響，如果不能及時解決，我們將無法按照計劃在2024年7月15日完成產品的上線和發佈。這將對我們的業務和信譽造成不可估量的損失，也會影響到我們與您的長期合作關係。

幫忙方式：

為了盡快解決這些問題，我們希望您能提供以下幫助：

- 請您在2024年6月30日之前給我們提供一份ZZ技術的性能優化指南，幫助我們提高ZZ技術的運行速度和效率。
- 請您在2024年7月5日之前給我們提供一份ZZ技術的錯誤排查和修復方案，幫助我們消除ZZ技術的錯誤提示和崩潰問題。

- 請您在2024年7月10日之前給我們提供一份ZZ技術的文檔和示例的更新版本，幫助我們更好地理解和使用ZZ技術的功能和特性。

請您將上述幫助的結果通過電子郵件發送給我們，我們的聯繫方式是：XX@XX.com。如果您有任何疑問或建議，請隨時與我們聯繫，我們將盡快給您回覆。

感謝表達：

非常感謝您能夠關注我們的問題，並給予我們及時和有效的技術支持。我們非常重視與您的合作，並希望能夠繼續保持良好的合作關係。我們也將在我們的產品中充分展示和推廣您的ZZ技術，並給予您適當的回饋和報酬。

再次感謝您的幫助和支持，期待您的回覆。

## 13.2.6 針對同事請求協助組織公司活動

請生成一個向同事請求協助組織公司活動的文案，包含問題描述、幫忙方式和感謝表達。

文案＝問題描述（問題背景＋問題影響＋問題緊急性）＋幫忙方式（具體行動＋期限要求＋回報方式）＋感謝表達（感謝語氣＋合作意願＋回饋承諾）。

---

🟦 使用 Copilot 編寫草稿　　　　　　　　　　　　　　　✕

請生成一個向同事請求協助組織公司活動的文案，包含問題描述、幫忙方式和感謝表達。
文案＝問題描述（問題背景＋問題影響＋問題緊急性）＋幫忙方式（具體行動＋期限要求＋回報方式）＋感謝表達（感謝語氣＋合作意願＋回饋承諾）

107 / 2000

產生

向同事請求協助組織公司活動的文案初稿：

親愛的同事們：

我正在組織一個公司活動，目的是增進員工之間的溝通和團隊合作，並提高工作滿意度和效率。這個活動將在下個月的第一個星期五下午舉行，預計有100多人參加。

由於這個活動的規模和重要性，我需要你們的協助，讓它能夠順利進行。你們的幫助對於活動的成功至關重要，也會讓大家都能享受一個愉快的時光。

我希望你們能幫我做以下幾件事：

1. 填寫這份問卷，讓我知道你們對活動的意見和建議，以及你們的喜好和需求。問卷的截止日期是下周一，請不要錯過。問卷的連結是：[URL]

2. 幫我推廣這個活動，鼓勵你們的同事和朋友參加，並讓他們也填寫問卷。越多人參與，越能體現我們的團隊精神和多元文化。

3. 如果你有任何特殊的才能或興趣，比如唱歌、跳舞、魔術、攝影等，並且願意在活動中表演或展示，請告訴我，我會安排一個時間和場地給你。這是一個展現你們個性和才華的好機會，也是一個讓大家互相認識和欣賞的好方式。

請在下周三之前回覆我，告訴我你們是否能幫我做這些事，以及你們的表演或展示的內容和需求。你們可以通過電話、郵件或微信聯繫我，我的聯繫方式是：

電話：[phone number]

向同事請求協助，最後表達感謝：

我非常感謝你們的協助，我相信我們能夠一起創造一個難忘的公司活動。如果你們有任何問題或疑慮，請隨時聯繫我，我會盡快回覆你們。

謝謝你們的合作，期待與你們共度一個美好的下午。

你的同事，

[Your name]

✓ 保留　🔄　🗑️　例如，「變得更具描述性」　→

### 13.2.7 針對部門主管請求調整工作優先順序

請生成一個向部門主管請求調整工作優先順序的文案，包含問題描述、幫忙方式和感謝表達。

文案＝問題描述（問題背景＋問題影響＋問題緊急性）＋幫忙方式（具體行動＋期限要求＋回報方式）＋感謝表達（感謝語氣＋合作意願＋回饋承諾）：

---

◐ 使用 Copilot 編寫草稿　　　　　　　　　　　　　　　　✕

請生成一個向部門主管請求調整工作優先順序的文案，包含問題描述、幫忙方式和感謝表達。
文案＝問題描述（問題背景＋問題影響＋問題緊急性）＋幫忙方式（具體行動＋期限要求＋回報方式）＋感謝表達（感謝語氣＋合作意願＋回饋承諾）

109 / 2000

產生

---

向部門主管請求調整工作優先順序的文案初稿：

親愛的主管，

您好，我是負責ABC項目的XXX，我在這裡向您請求調整工作優先順序的幫助。

問題描述：

我們的ABC項目是為了滿足客戶的需求，預計在2024年7月15日完成交付。然而，由於最近的疫情影響，我們的供應商無法按時提供所需的材料，這將導致我們的生產進度延遲。如果我們不能及時完成ABC項目，我們將面臨客戶的不滿，甚至可能損失這筆合同。這對我們的業績和信譽都會造成嚴重的影響。因此，我們需要盡快解決這個問題，並確保ABC項目能夠按時交付。

幫忙方式：

為了解決這個問題，我們需要您的幫助，請您協助我們調整工作優先順序，將ABC項目提升到最高級別。這樣，我們就可以優先分配資源，加快生產進度，並及時與客戶溝通。我們希望您能在2024年6月30日之前給我們一個回覆，並告訴我們您的決定。您可以通過電話、郵件或微信的方式與我們聯繫，我們將隨時等待您的消息。

最後一定要表達感謝：

**感謝表達：**

我們非常感謝您能夠考慮我們的請求，並給予我們您的支持。我們相信您的決策能夠幫助我們順利完成ABC項目，並滿足客戶的期望。我們期待與您的合作，並將及時向您回報我們的工作進展。再次感謝您的幫助，祝您工作順利，身體健康。

您誠摯的，

XXX

## 13.2.8 針對新人請求協助完成入職手續

請生成一個向新人請求協助完成入職手續的文案，包含問題描述、幫忙方式和感謝表達。

文案＝問題描述（問題背景＋問題影響＋問題緊急性）＋幫忙方式（具體行動＋期限要求＋回報方式）＋感謝表達（感謝語氣＋合作意願＋回饋承諾）。

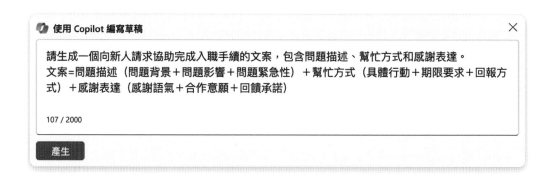

使用 Copilot 編寫草稿　　　　　　　　　　　　　　×

請生成一個向新人請求協助完成入職手續的文案，包含問題描述、幫忙方式和感謝表達。
文案=問題描述（問題背景＋問題影響＋問題緊急性）＋幫忙方式（具體行動＋期限要求＋回報方式）＋感謝表達（感謝語氣＋合作意願＋回饋承諾）

107 / 2000

產生

向新人請求協助完成入職手續的文案初稿：

親愛的新人，

歡迎你加入我們的團隊！我是你的入職導師，負責幫助你完成入職手續。

由於我們的系統最近出了一些問題，我需要你的協助來確認你的個人資料。這對於你的工資發放和保險登記非常重要，如果沒有完成，可能會影響你的權益。而且，我們的人事部門要求我們在本月底之前完成所有的入職手續，否則會有罰款。

所以，我希望你能盡快完成以下幾件事：

1. 請查看附件中的個人資料表，檢查是否有任何錯誤或遺漏，並在表格中做出修改或補充。

2. 請將你的身份證、學歷證明和工作經驗證明掃描成PDF檔，並與個人資料表一起回覆給我。

3. 請在本週五（6月30日）之前完成以上步驟，並告訴我你的完成情況。

非常感謝你的協助！我知道你可能很忙，但這對於你的入職過程非常重要。如果你有任何問題或困難，請隨時聯繫我，我會盡力幫你解決。

我期待與你合作，並希望你能盡快適應我們的工作環境。我也會在你完成入職手續後，給你一些回饋和建議，讓你能更好地發揮你的潛力。

再次感謝你的協助！

## 13.2.9 針對 IT 部門請求修復電腦故障

請生成一個向 IT 部門請求修復電腦故障的文案，包含問題描述、幫忙方式和感謝表達。

文案＝問題描述（問題背景＋問題影響＋問題緊急性）＋幫忙方式（具體行動＋期限要求＋回報方式）＋感謝表達（感謝語氣＋合作意願＋回饋承諾）。

使用 Copilot 編寫草稿 ✕

請生成一個向IT部門請求修復電腦故障的文案，包含問題描述、幫忙方式和感謝表達。
文案＝問題描述（問題背景＋問題影響＋問題緊急性）＋幫忙方式（具體行動＋期限要求＋回報方式）＋感謝表達（感謝語氣＋合作意願＋回饋承諾）

107 / 2000

產生

向 IT 部門請求修復電腦故障的文案初稿：

親愛的IT部門：

您好，我是銷售部的李小明，我在這裡向您請求修復我的電腦故障。

問題描述：

我在今天上午使用電腦時，發現電腦無法連接網絡，並且出現了多次死機和重啟的情況。這個問題嚴重影響了我的工作效率，也影響了我與客戶的溝通和合作。由於我需要在今天下午五點前完成一份重要的報告，這個問題非常緊急，需要盡快解決。

幫忙方式：

請您在今天下午三點前到我的辦公室來檢查和修復我的電腦，並且幫我恢復網絡連接。如果您需要我提供任何信息或協助，請隨時聯繫我。我的辦公室位於5樓501室，我的電話號碼是12345678。請您在修復完畢後，通知我一聲，讓我知道問題的原因和解決方案。

感謝表達：

非常感謝您的幫助和支持，我對您的專業和效率十分信賴和敬佩。我期待與您的合作，並且會在報告完成後，向您的主管反饋您的優秀表現。謝謝您！

敬上

李小明

### 13.2.10 針對財務部請求加速報銷流程

　　請生成一個向財務部請求加速報銷流程的文案，包含問題描述、幫忙方式和感謝表達。

　　文案＝問題描述（問題背景＋問題影響＋問題緊急性）＋幫忙方式（具體行動＋期限要求＋回報方式）＋感謝表達（感謝語氣＋合作意願＋回饋承諾）。

---

🔷 使用 Copilot 編寫草稿　　　　　　　　　　　　　　　　✕

請生成一個向財務部請求加速報銷流程的文案，包含問題描述、幫忙方式和感謝表達。
文案＝問題描述（問題背景＋問題影響＋問題緊急性）＋幫忙方式（具體行動＋期限要求＋回報方式）＋感謝表達（感謝語氣＋合作意願＋回饋承諾）

106 / 2000

產生

---

　　向財務部請求加速報銷流程的文案初稿：

# 向財務部請求加速報銷流程的文案

- 問題描述：尊敬的財務部同事，您好。我是銷售部的王小明，上個月參加了一次重要的客戶拜訪，為公司爭取了一筆大單。在拜訪過程中，我支付了一些必要的交通和餐飲費用，共計3000元。我已經按照規定提交了報銷申請，但是到目前為止還沒有收到財務部的審批結果。這對我造成了一些經濟困難，也影響了我的工作積極性。我希望財務部能夠儘快處理我的報銷申請，讓我能夠順利地完成我的工作任務。
- 幫忙方式：我理解財務部的工作量很大，也很重視報銷的規範性和準確性。但是，我也希望財務部能夠體諒我的困境，儘量在本周內完成我的報銷審批，並將報銷款項匯入我的工資卡。如果有任何問題或需要補充的資料，請及時通知我，我會盡快回覆您。您可以通過電話、郵件或微信與我聯繫，我的聯繫方式如下：

- 電話：13888888888
- 郵件：wangxiaoming@company.com
- 微信：wxm123456

**感謝表達**：非常感謝您的理解和支持，您的工作對公司的發展非常重要，我們都很敬佩您。我希望我們能夠保持良好的合作關係，共同為公司的利益努力。如果您有任何需要我幫忙的地方，請隨時告訴我，我會盡力配合您。再次感謝您的幫助，祝您工作順利，身體健康。

## 13.2.11 針對 HR 部門請求提供招聘建議

請生成一個向 HR 部門請求提供招聘建議的文案，包含問題描述、幫忙方式和感謝表達。

文案＝問題描述（問題背景＋問題影響＋問題緊急性）＋幫忙方式（具體行動＋期限要求＋回報方式）＋感謝表達（感謝語氣＋合作意願＋回饋承諾）。

---

🔷 使用 Copilot 編寫草稿　　　　　　　　　　　　　　✕

請生成一個向HR部門請求提供招聘建議的文案，包含問題描述、幫忙方式和感謝表達。
文案=問題描述（問題背景＋問題影響＋問題緊急性）＋幫忙方式（具體行動＋期限要求＋回報方式）＋感謝表達（感謝語氣＋合作意願＋回饋承諾）

107 / 2000

產生

---

向 HR 部門請求提供招聘建議的文案初稿：

# 向HR部門請求招聘建議的文案

親愛的HR部門：

我是XX部門的XX，負責XX項目的XX工作。我寫這封信是想請求你們的幫助，為我們的項目提供一些招聘建議。

# 問題描述

我們的項目是XX，主要是為XX客戶提供XX服務。由於客戶需求的增加，我們需要擴大團隊，招聘一些具有XX技能和XX經驗的人才。目前，我們的項目缺少XX個這樣的人才，這對我們的項目進度和質量造成了很大的影響。如果我們不能及時補充人力，我們將無法按時完成客戶的要求，甚至可能失去客戶的信任和合作機會。這是一個非常緊急和嚴重的問題，我們需要盡快解決。

# 幫忙方式

作為HR部門，你們是招聘方面的專家，你們對市場上的人才情況和招聘渠道有豐富的了解和經驗。我們希望你們能夠為我們提供一些招聘建議，包括以下幾個方面：

制定合適的標準並在結尾表達感謝：

作為HR部門，你們是招聘方面的專家，你們對市場上的人才情況和招聘渠道有豐富的了解和經驗。我們希望你們能夠為我們提供一些招聘建議，包括以下幾個方面：

- 如何制定合適的招聘標準和要求，吸引合適的人才申請
- 如何選擇合適的招聘渠道和方式，擴大招聘範圍和效率
- 如何設計合適的面試流程和評估方法，篩選出優秀的人才

我們希望你們能夠在2024年7月10日之前，將你們的建議以電子郵件的形式發送給我們，我們的郵箱是XX@XX.com。我們會仔細閱讀你們的建議，並根據你們的建議進行招聘工作。如果有任何問題或需要更多信息，請隨時聯繫我們。

# 感謝表達

我們非常感謝你們的幫助和支持，你們的建議對我們的項目非常重要和有價值。我們期待與你們的合作，共同為公司的發展貢獻力量。我們會及時向你們回報我們的招聘進展和結果，並對你們的建議進行反饋和評價。

再次感謝你們的幫助和支持，祝你們工作順利，身體健康。

### 13.2.12 針對行政部請求協助預訂會議室

請生成一個向行政部請求協助預訂會議室的文案，包含問題描述、幫忙方式和感謝表達。

文案 = 問題描述（問題背景＋問題影響＋問題緊急性）＋幫忙方式（具體行動＋期限要求＋回報方式）＋感謝表達（感謝語氣＋合作意願＋回饋承諾）：

---

🔵 使用 Copilot 編寫草稿 ✕

請生成一個向行政部請求協助預訂會議室的文案，包含問題描述、幫忙方式和感謝表達。
文案=問題描述（問題背景＋問題影響＋問題緊急性）＋幫忙方式（具體行動＋期限要求＋回報方式）＋感謝表達（感謝語氣＋合作意願＋回饋承諾）

107 / 2000

產生

---

向行政部請求協助預訂會議室的文案初稿：

# 向行政部請求協助預訂會議室的文案

## 問題描述

- 我是負責項目A的主管，我們的項目組需要在下周一（7月3日）上午10點到12點舉行一個重要的會議，討論項目進度和下一步的計劃。
- 我在系統上查詢了可用的會議室，發現所有的會議室都已經被預訂了，沒有符合我們需求的空間。
- 這個會議對我們的項目非常關鍵，如果沒有合適的會議室，我們將無法有效地溝通和協調，影響項目的進展和質量。

詳細說明幫忙方式並表達感謝：

# 幫忙方式

- 我希望行政部能夠協助我們預訂一個適合我們的會議室，容納至少10人，並且有投影設備和白板。
- 我們的會議時間是固定的，所以請儘快幫我們找到一個解決方案，最遲在本周五（6月30日）下午5點之前給我回覆。
- 你可以通過電話或電子郵件聯繫我，我的聯繫方式是：電話：12345678，電子郵件：example@example.com。

# 感謝表達

- 我非常感謝你的幫助和支持，我知道你們的工作也很忙，但是這個會議對我們來說真的很重要。
- 我希望我們能夠順利地完成這個項目，並且與行政部保持良好的合作關係。
- 如果你有任何問題或建議，請隨時告訴我，我會盡力配合和回饋。

## 13.2.13 針對市場部請求提供最新市場數據

請生成一個向市場部請求提供最新市場數據的文案，包含問題描述、幫忙方式和感謝表達。

文案＝問題描述（問題背景＋問題影響＋問題緊急性）＋幫忙方式（具體行動＋期限要求＋回報方式）＋感謝表達（感謝語氣＋合作意願＋回饋承諾）。

使用 Copilot 編寫草稿 ✕

請生成一個向市場部請求提供最新市場數據的文案，包含問題描述、幫忙方式和感謝表達。
文案＝問題描述（問題背景＋問題影響＋問題緊急性）＋幫忙方式（具體行動＋期限要求＋回報方式）＋感謝表達（感謝語氣＋合作意願＋回饋承諾）

108 / 2000

產生

向市場部請求提供最新市場數據的文案初稿：

親愛的市場部同事：

您好！我是產品部的李經理，負責開發新的智能手機產品。我寫信給您是想請求您的幫助，提供一些最新的市場數據，以便我們更好地了解用戶的需求和偏好。

我們正在開發一款具有創新功能和設計的智能手機，目標是打造一個優質的用戶體驗。為了確保我們的產品能夠滿足市場的需求，我們需要了解目標用戶的特徵、行為和期望。這些數據對我們的產品設計和定價策略都有重要的影響，也是我們的競爭優勢所在。

由於我們的產品開發進度非常緊迫，我們希望能夠在下周一（6月30日）之前獲得您的回覆。您能否提供以下幾項市場數據：

– 目標用戶的年齡、性別、收入、教育、地區等人口統計特徵

– 目標用戶的智能手機使用習慣、偏好和滿意度

– 目標用戶對新功能和設計的期望和需求

– 目標用戶對智能手機的購買意願和支付能力

您可以將這些數據以表格或圖表的形式發送到我的電子郵件（li@product.com），或者通過線上平台（[URL]）上傳。如果您有任何問題或建議，請隨時與我聯繫。

結尾也是表達感謝：

在此，我衷心感謝您的幫助和支持，您的工作對我們的產品開發非常重要。我們期待與您的進一步合作，並將及時向您回饋我們的產品進展和成果。

謝謝！

產品部 李經理

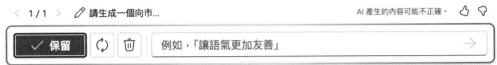

## 13.2.14 針對研發部請求提供產品技術資料

請生成一個向研發部請求提供產品技術資料的文案，包含問題描述、幫忙方式和感謝表達。

文案＝問題描述（問題背景＋問題影響＋問題緊急性）＋幫忙方式（具體行動＋期限要求＋回報方式）＋感謝表達（感謝語氣＋合作意願＋回饋承諾）。

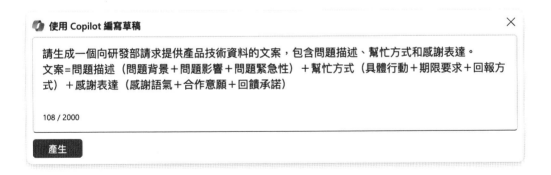

向研發部請求提供產品技術資料文案初稿：

親愛的研發部同仁：

您好，我是市場部的王小明，負責本月底要推出的新產品A的市場推廣工作。我在這裡向您請求一些幫助，希望您能提供我一些產品的技術資料，以便我能更好地制定市場策略和宣傳方案。

問題描述：

我們的新產品A是一款創新的智能家居設備，具有多種功能和優勢，可以為用戶帶來便利和舒適的生活體驗。然而，我在閱讀產品的設計方案和原型測試報告時，發現有一些技術細節和原理我不太清楚，也不知道如何用簡單易懂的語言向潛在的客戶和合作夥伴介紹。這對我們的市場推廣工作會造成一定的困難和風險，可能影響我們的產品形象和銷售業績。

這個問題對我們的工作非常緊急，因為我們的新產品A預計在本月底正式上市，我們需要在此之前完成市場策略和宣傳方案的制定和執行，並且要與各大媒體和網紅進行合作和推廣。如果我們沒有足夠的技術資料來支持我們的市場工作，我們可能會錯失一個良好的市場機會，也可能讓我們的產品失去競爭力和吸引力。

請求幫忙的方式與表達謝意：

幫忙方式：

為了解決這個問題，我需要您的幫助，請您提供我以下的產品技術資料：

1. 產品的主要功能和優勢，以及與同類產品的差異和競爭力。

2. 產品的核心技術和創新點，以及技術的原理和運作方式。

3. 產品的技術參數和性能指標，以及技術的可靠性和安全性。

4. 產品的技術資料的簡化和通俗化的版本，適合用於市場宣傳和介紹的語言和格式。

請您在本週五（6月30日）之前將這些資料以電子郵件的形式發送給我，我的郵箱是wangxiaoming@market.com。如果您有任何疑問或建議，請隨時與我聯繫，我的電話是0987654321。

感謝表達：

在此，我要感謝您的幫助和支持，您的技術資料對我們的市場推廣工作非常重要和有價值。我們非常期待與您的研發部緊密合作，共同推動我們的新產品A的成功上市和銷售。我們也會及時向您回報我們的市場工作的進展和成果，並且根據您的技術資料來制定和調整我們的市場策略和宣傳方案。

再次感謝您的幫助和支持，祝您工作順利，身體健康！

## 13.2.15 針對物流部請求加快運輸時間

請生成一個向物流部請求加快運輸時間的文案，包含問題描述、幫忙方式和感謝表達。

文案＝問題描述（問題背景＋問題影響＋問題緊急性）＋幫忙方式（具體行動＋期限要求＋回報方式）＋感謝表達（感謝語氣＋合作意願＋回饋承諾）。

---

使用 Copilot 編寫草稿　　　　　　　　　　　　　　　　✕

請生成一個向物流部請求加快運輸時間的文案，包含問題描述、幫忙方式和感謝表達。
文案=問題描述（問題背景＋問題影響＋問題緊急性）＋幫忙方式（具體行動＋期限要求＋回報方式）＋感謝表達（感謝語氣＋合作意願＋回饋承諾）

106 / 2000

產生

---

向物流部請求加快運輸時間的文案初稿：

# 請求加快運輸時間的文案

## 問題描述

- 我們是XX公司的銷售部，負責向客戶提供高品質的產品和服務。
- 我們最近收到了一個大型訂單，需要在2024年7月1日前將1000件產品運送到客戶的倉庫。
- 這個訂單對我們公司的業績和聲譽非常重要，如果不能按時交貨，我們將面臨巨大的損失和罰款。
- 根據我們的預測，如果按照目前的運輸速度，我們將無法在截止日期前完成運輸，這將對我們和客戶造成嚴重的不便和困擾。

詳細說明幫忙方式與表達感謝：

## 幫忙方式

- 為了避免這種情況，我們請求您的物流部能夠盡快安排運輸，並優先處理我們的訂單。
- 我們希望您能夠在2024年6月30日前將所有產品送達客戶的倉庫，以保證我們的交貨時間和質量。
- 如果您能夠做到這一點，請您在2024年6月29日前給我們發送一封確認郵件，並提供運輸的詳細信息，如運單號、運輸公司、預計到達時間等。

## 感謝表達

- 我們非常感謝您的物流部能夠配合我們的要求，並給予我們最大的支持和幫助。
- 我們期待與您的物流部繼續保持良好的合作關係，並共同為客戶提供優質的服務。
- 如果您能夠加快運輸時間，我們將給予您適當的回饋和獎勵，以表達我們的誠意和感激。

### 13.2.16 針對客服部請求協助處理客戶投訴

請生成一個向客服部請求協助處理客戶投訴的文案，包含問題描述、幫忙方式和感謝表達。

文案＝問題描述（問題背景＋問題影響＋問題緊急性）＋幫忙方式（具體行動＋期限要求＋回報方式）＋感謝表達（感謝語氣＋合作意願＋回饋承諾）：

---

**使用 Copilot 編寫草稿**  ×

請生成一個向客服部請求協助處理客戶投訴的文案，包含問題描述、幫忙方式和感謝表達。
文案＝問題描述（問題背景＋問題影響＋問題緊急性）＋幫忙方式（具體行動＋期限要求＋回報方式）＋感謝表達（感謝語氣＋合作意願＋回饋承諾）

108 / 2000

產生

---

向客服部請求協助處理客戶投訴的文案初稿：

**親愛的客服部：**

您好，我是銷售部的李小姐，我寫信給您是想請求您的協助，處理一個客戶投訴的問題。

**問題描述：**

這個客戶是我們的重要合作夥伴，他們在上個月訂購了我們的產品，並且預計在本月底交付。但是，由於廠商的原因，我們的產品出現了質量問題，無法按時交貨。這個問題對客戶造成了很大的影響，他們表示非常不滿意，並且要求我們立即解決，否則將取消訂單，甚至提出索賠。這個問題非常緊急，如果不及時處理，將會對我們的業績和信譽造成嚴重的損失。

**幫忙方式：**

因此，我希望您能夠盡快與客戶聯繫，向他們說明問題的原因，並且提出一個合理的解決方案，比如延期交貨、降低價格、增加贈品等。請您在今天下午五點前完成這個任務，並且將客戶的反應和意見回報給我，以便我們進一步跟進。

感謝表達：

非常感謝您的幫助和支持，我知道您的工作很忙，但是這個問題對我們來說非常重要，請您一定要優先處理。我們期待與您的合作，並且會對您的工作給予正面的回饋和評價。謝謝您的理解和配合。

## 13.2.17 針對法務部請求審查合約

請生成一個向法務部請求審查合同的文案，包含問題描述、幫忙方式和感謝表達。

文案＝問題描述（問題背景＋問題影響＋問題緊急性）＋幫忙方式（具體行動＋期限要求＋回報方式）＋感謝表達（感謝語氣＋合作意願＋回饋承諾）。

```
🔷 使用 Copilot 編寫草稿                                    ✕

請生成一個向法務部請求審查合同的文案，包含問題描述、幫忙方式和感謝表達。
文案＝問題描述（問題背景＋問題影響＋問題緊急性）＋幫忙方式（具體行動＋期限要求＋回報方式）＋感謝表達（感謝語氣＋合作意願＋回饋承諾）

104 / 2000

產生
```

向法務部請求審查合同的文案初稿：

親愛的法務部同事：

您好，我是市場部的張經理，我們部門正在與一家重要的客戶洽談一項合作計畫，需要您的幫助審查合同。

問題描述：

我們與客戶的合作計畫涉及到一些敏感的資料和權利轉讓的問題，我們需要確保合同中的條款能夠保護我們的利益，避免發生任何法律風險。如果合同中有任何不合理或不明確的地方，可能會導致我們在未來與客戶發生糾紛，甚至影響我們的品牌形象和信譽。此外，客戶對於合作計畫的期限非常嚴格，要求我們在本月底前完成合同的簽訂，否則可能會取消合作。

幫忙方式：

因此，我們非常需要您的專業意見，幫助我們審查合同，檢查是否有任何不符合法律規範或不利於我們的條款，並提出修改建議。鑑於客戶的期限要求，我們希望您能在2024年6月30日前完成合同的審查，並將審查結果和修改意見通過電子郵件回覆給我。

最後表達感謝：

感謝表達：

我們非常感謝您在百忙之中為我們提供法律支持，您的幫助對於我們的合作計畫非常重要。我們期待與您的合作，並會根據您的審查意見修改合同，盡快完成簽訂。如果您對於合作計畫有任何疑問或建議，請隨時聯繫我。我們也會在合作計畫完成後，向您回饋合作的成果和感想，讓您了解您的寶貴貢獻。

再次感謝您的幫助，祝您工作順利，身體健康！

市場部 張經理

2024年6月28日

### 13.2.18 針對品牌部請求協助設計宣傳材料

請生成一個向品牌部請求協助設計宣傳材料的文案，包含問題描述、幫忙方式和感謝表達。

文案＝問題描述（問題背景＋問題影響＋問題緊急性）＋幫忙方式（具體行動＋期限要求＋回報方式）＋感謝表達（感謝語氣＋合作意願＋回饋承諾）。

---

**使用 Copilot 編寫草稿**　　　　　　　　　　　　　　×

請生成一個向品牌部請求協助設計宣傳材料的文案，包含問題描述、幫忙方式和感謝表達。
文案=問題描述（問題背景＋問題影響＋問題緊急性）＋幫忙方式（具體行動＋期限要求＋回報方式）＋感謝表達（感謝語氣＋合作意願＋回饋承諾）

108 / 2000

**產生**

---

向品牌部請求協助設計宣傳材料的文案初稿：

**親愛的品牌部同事：**

您好，我是市場部的林小姐，負責新產品的推廣工作。我寫信給您是想請求您的協助，幫我們設計一些宣傳材料，讓我們的新產品能夠更好地吸引客戶的注意。

**問題描述：**

我們的新產品是一款智能手錶，具有多種功能和優勢，如健康監測、運動記錄、語音控制等。我們計劃在下個月的展覽會上正式發佈這款產品，並希望能夠吸引大量的媒體和消費者的關注。然而，我們目前還沒有一套完善的宣傳材料，如海報、手冊、視頻等，來展示我們的產品的特點和優勢。這對我們的推廣工作造成了很大的困難，也影響了我們的市場競爭力。我們非常需要您的專業知識和創意，來幫我們設計一些高質量的宣傳材料，讓我們的新產品能夠在展覽會上脫穎而出。

幫忙方式：

我們希望您能夠根據我們提供的產品資料和市場分析，設計一些適合展覽會的宣傳材料，如海報、手冊、視頻等，突出我們的產品的功能和優勢，吸引客戶的眼球。我們需要您在下周五（6月30日）之前完成這些宣傳材料的設計，並將它們發送到我的電子郵件（lin@market.com），以便我們及時進行審核和修改。我們也會在收到您的宣傳材料後，及時給您反饋和建議，讓我們能夠達成最佳的合作效果。

感謝表達：

我們非常感謝您能夠在百忙之中，給予我們這樣的協助，讓我們的新產品能夠更好地推廣和銷售。我們非常期待與您的合作，並相信您的專業和創意，能夠為我們的新產品增添光彩。我們也會在展覽會後，向您報告我們的推廣成果，並給予您適當的回饋和獎勵，以表達我們的感激之情。

再次感謝您的協助，期待您的回覆。

市場部 林小姐

## 13.2.19 針對採購部請求加快採購流程

請生成一個向採購部請求加快採購流程的文案，包含問題描述、幫忙方式和感謝表達。

文案＝問題描述（問題背景＋問題影響＋問題緊急性）＋幫忙方式（具體行動＋期限要求＋回報方式）＋感謝表達（感謝語氣＋合作意願＋回饋承諾）。

使用 Copilot 編寫草稿 ✕

請生成一個向採購部請求加快採購流程的文案，包含問題描述、幫忙方式和感謝表達。
文案＝問題描述（問題背景＋問題影響＋問題緊急性）＋幫忙方式（具體行動＋期限要求＋回報方式）＋感謝表達（感謝語氣＋合作意願＋回饋承諾）

106 / 2000

產生

向採購部請求加快採購流程的文案初稿：

親愛的採購部同事：

您好，我是來自銷售部的王小明，我在這裡向您請求一個加快採購流程的協助。

問題描述：

我們正在與一個重要的客戶洽談一筆大單，客戶對我們的產品非常感興趣，但是他們要求我們在6月30日之前提供一批樣品，否則他們將考慮其他供應商。這對我們來說是一個非常緊急的問題，因為如果我們不能及時交付樣品，我們將失去這個潛在的大客戶，這將對我們的業績和市場佔有率造成嚴重的影響。

幫忙方式：

為了滿足客戶的需求，我們需要您的幫助，請您盡快完成以下幾個步驟：

1. 請您在今天下午5點之前審核並批准我們的採購申請，我們已經將申請表和相關資料發送到您的郵箱，請您查收。

2. 請您在明天上午10點之前聯繫我們的供應商，並確認他們能夠在6月29日之前將樣品送達我們的倉庫，如果有任何問題，請您及時與我們溝通。

3. 請您在完成以上步驟後，通過電話或郵件告知我們，我們的聯繫方式是：電話：12345678，郵箱：wangxiaoming@sales.com。

最後表達感謝幫忙：

感謝表達：

我們非常感謝您的協助，我們知道您的工作也很忙，但是這對我們來說是一個非常關鍵的時刻，我們需要您的支持和配合。我們希望能夠與您建立一個良好的合作關係，並且我們承諾，如果我們能夠獲得這個客戶的訂單，我們將向您的部門提供一定的回饋和獎勵。謝謝您的理解和支持。

敬上

銷售部 王小明

2024/06/28

# 14. 公文寫作

## 14.1 說明

以民間發函來講，為什麼要用 Microsoft copilot 寫公文給政府？ 公文是一種正式而嚴謹的文件，需要遵循一定的格式和語氣，並且要表達清楚、準確、有力的訊息交換機制。而 Microsoft copilot 的優勢是它可以快速產生前幾版的初稿，讓你有更多的時間來修改和完善，而不是從零開始寫。就算有前案範例能參考，我們畢竟還是要花腦力去整合，而 Copilot 能數分鐘內快速產生不同版本，也可以學習你的寫作風格和偏好，並且根據你提供的範本和資料，生成更符合我們需求的內容。

Microsoft Copilot 作為 AI 助手，能加速初稿的生成過程，讓我們能在短時間內產生多個版本。然而，必須再次提醒，**AI 的強項在於「速度」，而非「正確性」**。因此，在使用 AI 產生民間單位給政府公文的函時，我們應結合實際範本和 Copilot 的生成能力，以確保文稿的品質和準確性。

使用 AI 工具生成公文時，首先要形成一個重要共識：在最短的時間內，把期望的行動和信息傳遞出去。這點尤其在處理民間對政府機關或國營事業單位的公文時顯得尤為重要。透過 Copilot，我們能夠快速生成初稿，並在此基礎上進行修改和完善，以達到預期的效果。

本案例針對民間單位對政府機關或國營事業單位的公文撰寫。由於目前釋出的 AI 版本只能生成內容，無法針對中華民國公文格式做精確的設定，因此在使用 Copilot 時，我們應先行索取一些內容範本，以確保生成的結果更符合需求。

在進行文稿撰寫前，建議先向政府機關或國營事業單位的承辦人員索取一些內容範本。這些範本可以作為 Copilot 的參考資料，讓 AI 能更精準地生成符合上行文語氣和格式的公文。具體步驟如下：

與承辦人員溝通：主動聯繫相關單位的承辦人員，請求提供過去的公文範本。

收集範本：將獲得的範本整理成一份 Word 檔案。

範本上傳：將整理好的範本上傳至 Copilot，讓 AI 能夠讀取並參考這些範本。

在完成範本的收集和上傳後，我們可以開始使用 Copilot 來生成公文。以下是具體的操作步驟：

步驟一：初稿生成

啟動 Copilot：打開 Microsoft Word，啟動 Copilot。

輸入指令：輸入生成公文的指令。例如：「請生成一份民間單位向政府機關申請資助的函，內容包括申請原因、預計效益及所需資源。」

檢查初稿：檢查 Copilot 生成的初稿，確保基本結構和內容符合預期。

步驟二：範本參考

參考範本：將生成的初稿與收集的範本進行比對，查看是否有需調整的部分。

修改內容：根據範本的格式和語氣對初稿進行修改，使其更符合正式公文的要求。

調整語氣：特別注意上行文的語氣，確保語句得體、禮貌。

步驟三：品質提升

細節完善：仔細檢查公文中的每一個細節，包括日期、地址、簽名等部分，確保沒有遺漏或錯誤。

語法檢查：使用 Microsoft Word 的語法檢查功能，對文稿進行語法和拼寫的檢查。

格式調整：根據中華民國公文格式的要求，對文稿的格式進行最終調整。

最後，必須再次提醒用 Microsoft copilot 寫公文是一種輔助工具，而不是取代人工寫作的方法，所以你不能完全依賴它，而是要自己負責你的公文的內容和品質。

用 Microsoft copilot 寫公文強烈建議使用商務企業版，而非個人與家用版或者將它們分享給任何第三方。

另一方面補充個題外話，以政府公務員運用 AI 助手來看，在探討 AI 技術如何在公部門簽辦流程中發揮效益時，必須正視目前的流程現狀。現階段，公部門的簽辦流程複雜且繁瑣，涉及大量庶務性工作，使得 AI 技術的應用無法顯著縮減時程。然而，若能對現有流程進行調整，將庶務性工作削減，並集中精力於計畫性業務，AI 製稿的價值將會更加明顯。以下從幾個角度詳細探討這一議題。

公部門的簽辦流程通常包括以下幾個步驟：

文件接收與登記：所有來自內外部的文件需先進行接收和登記，這是第一道關卡，涉及大量人力和時間。

分發與流轉：文件在各部門之間進行分發和流轉，每個環節都需要人工操作，增加了時間成本。

審核與批示：各級領導對文件內容進行審核和批示，這一過程中，領導需花費大量時間細讀每份文件。

回覆與存檔：最後，文件處理結果需回覆相關單位，並進行存檔，以備日後查閱。

在現行流程中，大量的庶務性工作佔據了公務員的大部分時間，使得 AI 技術無法充分發揮其加速作用。具體而言，AI 在以下幾個方面有著較好的應用前景：

文書自動生成：AI 可以根據既定格式自動生成各類公文，減少手動撰寫的時間。

自動審核輔助：AI 可以輔助領導進行初步審核，標記出重點內容和潛在問題，減少人工審核的時間。

關於削減庶務性工作是滿重要的，讓 AI 技術真正縮減公部門的簽辦時程，有必要對現有的流程進行改革，削減庶務性工作。

再來是中央單位的特殊優勢，在公部門中，中央單位的結構和職能決定了其更適合應用 AI 技術。中央單位通常擁有較為成熟的管理體系和較高的數位化水平，這為 AI 技術的應用提供了良好的基礎。要讓 AI 技術在公部門簽辦流程中發揮其應有的作用，需要從削減庶務性工作和加強計畫性業務兩方面入手，特別是中央單位，因其具備的特殊優勢，更適合成為 AI 技術應用的試點和推廣基地。這樣，AI 製稿將不再僅僅是提高速度的工具，而能真正成為提升公部門工作效率和品質的重要利器。

## 14.2 案例

### 14.2.1 案例一：檢送工作日誌

檢送工作日誌：

---

**使用 Copilot 編寫草稿**                                                    ✕

你是中華民國寫政府公文的專家
背景：本公司承攬福爾摩沙國中教室整修工程，本公司與國中屬於平行單位
目標：提送6月份的施工日誌，主旨結尾使用請 查照
輸出格式按照以下結構：

1、主旨
2、說明
3、附件

特別注意事項：
直接稱謂時使用：下級對上級：鈞、大，上級對下級：貴，自稱：本

0 / 2000

產生

---

接續下指令，不超過兩千繁體中文字：

---

**使用 Copilot 編寫草稿**                                                    ✕

1、主旨
2、說明
3、附件

特別注意事項：
直接稱謂時使用：下級對上級：鈞、大，上級對下級：貴，自稱：本
主旨起首語：查、有關、關於、制定、訂定、修正、廢止、函送
主旨尾端：對上級單位：請 鑒核、請 核備、請 核示，對平行單位：請 查照、請 查照辦理，對
下級單位：希 查照、希 照辦
附件時使用：對上級單位：檢陳、附陳，對平行、下級單位：檢送、檢附

240 / 2000

產生

施工日誌公文初稿：

# 查福爾摩沙國中教室整修工程六月份 施工日誌請 查照

福爾摩沙國中教室整修工程承攬公司

## 說明

- 本公司自民國一百一十三年四月一日起，承攬貴校教室整修工程，依合約規定，每月提送施工日誌一份。
- 本月施工內容包括：一、教室內牆面翻修，二、教室燈具更換，三、教室窗戶維修，四、教室地板抛光。
- 本月施工進度符合合約規定，未發生任何工安事故或品質問題。
- 附上本月施工日誌一份，敬請貴校查照。

## 附件

- 檢附福爾摩沙國中教室整修工程六月份施工日誌一份

〈 1/1 〉　🖊 你是中華民國寫...　　　　　　AI 產生的內容可能不正確。　👍 👎

✓ 保留　　🔄　🗑　　例如，「變得更直接」　　　　　→

此版公文沒有按照格式，在微調欄位提醒 Copilot 要分段寫出主旨、說明、附件：

〈 若要微調草稿，請新增一些詳細資料並重新產生

輸出格式按照以下結構：1、主旨 2、說明 3、附件　　　　　　→

產生第二版初稿：

# 有關福爾摩沙國中教室整修工程六月份施工日誌請 查照

本公司承攬教室整修工程函

## 主旨

本公司自民國一百一十年四月一日起，承攬貴校教室整修工程，依合約規定，每月提送施工日誌一份，敬請 鑒核。

## 說明

本月施工內容包括：一、教室內牆面翻修，二、教室燈具更換，三、教室窗戶維修，四、教室地板拋光，施工進度符合合約規定，未發生任何工安事故或品質問題。

## 附件

檢附福爾摩沙國中教室整修工程六月份施工日誌一份。

〈 3/3 〉 🖉 你是中華民國寫... AI 產生的內容可能不正確。 👍 👎

✓ 保留 ○ 🗑 例如，「新增段落關於...」 →

## 14.2.2　案例二：檢送報告

檢送報告：

### 使用 Copilot 編寫草稿

你是中華民國寫政府公文的專家，依照政府公文格式的主旨、說明、附件三段式撰寫

背景：本公司承攬某部門的勞務案，依照合約需要提送期中報告

目標：本公司提送期中報告，本公司與機關為平行單位，主旨結尾使用請 查照

特別注意事項：
直接稱謂時使用：下級對上級：鈞、大，上級對下級：貴，自稱：本
主旨結構：主旨起首語＋本案主要意旨＋期望語
主旨起首語：查、有關、關於、制定、訂定、修正、廢止、函送
主旨尾端：對上級單位：請 鑒核、請 核備、請 核示，對無互相隸屬的平行單位：請 查照、請

0 / 2000

產生

提送期中報告函初稿：

# 有關某部門勞務案期中報告之函

某公司

## 主旨

查本公司承攬貴部門某勞務案，依照合約規定，應於期限內提送期中報告，故將本案期中報告檢送 貴部門，請 查照。

## 說明

- 一、本案期中報告內容包括：本案執行進度、遇到的困難與解決方案、未來工作計畫等。
- 二、本公司將持續依照合約規定，盡力完成本案的各項工作，並與 貴部門保持良好的溝通與合作。
- 三、如 貴部門對本案期中報告有任何意見或建議，敬請不吝賜教，本公司將儘速修正或改善。

## 附件

某部門勞務案期中報告一份。

---

〈 1 / 1 〉 ✎ 你是中華民國寫...  AI 產生的內容可能不正確。 👍 👎

✓ 保留 ↻ 🗑 例如，「縮短最後一個段落」 →

### 14.2.3 案例三：舉辦活動，邀請參加

邀請參加活動公文：

---

**使用 Copilot 編寫草稿** ✕

你是中華民國寫政府公文的專家
背景：本公司承攬科技部2024年AI趨勢研討會，本公司與科技部是平行單位
目標：邀請鈞部長官蒞臨致詞，主旨結尾使用請 查照，輸出格式要包含「主旨」、「說明」、「附件」
特別注意事項：
直接稱謂時使用：下級對上級：鈞、大，上級對下級：貴，自稱：本
主旨結構：主旨起首語＋本案主要意旨＋期望語
主旨起首語：查、有關、關於、制定、訂定、修正、廢止、函送
主旨尾端：對上級單位：請 鑒核、請 核備、請 核示，對平行單位：請 查照、請 查照辦理，對下級單位：希 查照、希 照辦
附件時使用：對上級單位：檢陳、附陳，對平行、下級單位：檢送、檢附

0 / 2000

**產生**

---

邀請參加活動的公文初稿：

**主旨：關於邀請鈞部長官蒞臨2024年AI趨勢研討會致詞請查照**

**說明：**

一、本公司承攬科技部2024年AI趨勢研討會，該會議將於2024年6月15日至16日在台北國際會議中心舉行，旨在探討AI的發展趨勢與應用前景，並邀請國內外知名學者與業界專家分享經驗與見解。

二、為彰顯本會議的重要性與規模，並期盼與鈞部攜手推動AI產業的發展，特敬邀鈞部長官蒞臨本會議開幕式，並擔任主題演講的貴賓，謹以附件檢送本會議的議程表與邀請函，敬請鈞部指示是否允諾本公司之邀請，並於2024年6月10日前回覆本公司，以利後續安排，不勝感激。

三、本公司承蒙鈞部多年來的支持與指導，深感榮幸與感激，期待鈞部長官的光臨，並祝鈞部工作順利，敬祝安康。

**附件：2024年AI趨勢研討會議程表、邀請函各一份**

邀請長官口氣不能是命令句，要更溫和，因此在微調欄鍵入需求：

〈 若要微調草稿，請新增一些詳細資料並重新產生

口氣變得更溫和，不強迫　　　　　　　　　　　　　　　　　　　　　　→

產生第二版初稿：

主旨：關於邀請鈞部長官蒞臨2024年AI趨勢研討會致詞請 查照

說明：

一、本公司承攬科技部2024年AI趨勢研討會，該會議將於2024年6月15日至16日在台北國際會議中心舉行，旨在探討AI的發展趨勢與應用前景，並邀請國內外知名學者與業界專家分享經驗與見解。

二、本公司深感鈞部在AI產業的領導與貢獻，並期盼與鈞部攜手推動AI產業的發展，故特敬邀鈞部長官蒞臨本會議開幕式，並擔任主題演講的貴賓，謹以附件檢送本會議的議程表與邀請函，敬請鈞部參考是否允諾本公司之邀請，並於2024年6月10日前回覆本公司，以利後續安排，不勝感激。

三、本公司承蒙鈞部多年來的支持與指導，深感榮幸與感激，期待鈞部長官的光臨，並祝鈞部工作順利，敬祝安康。

附件：2024年AI趨勢研討會議程表、邀請函各一份

### 14.2.4　案例四：更換專案負責人

更換專案負責人：

使用 Copilot 編寫草稿　　　　　　　　　　　　✕

你是中華民國寫政府公文的專家
背景：本公司承攬勞務，更換專案負責人
目標：更換專案負責人
輸出格式按照以下結構：
1、主旨
2、說明
3、附件
特別注意事項：
直接稱謂時使用：下級對上級：鈞、大，上級對下級：貴，自稱：本
主旨結構：主旨起首語＋本案主要意旨＋期望語
主旨起首語：查、有關、關於、制定、訂定、修正、廢止、函送

254 / 2000

產生

更換專案負責人告知的初稿：

# 關於更換專案負責人請核示

## 主旨

關於更換專案負責人請核示

## 說明

本公司與貴單位簽訂之「智慧城市整合平台建置計畫」，由本公司資深工程師李明負責專案管理。惟因李明因故辭職，本公司已妥選替代人選，為本公司資深工程師張鈞，其專業能力與經驗皆符合本案要求，敬請貴單位核示。

本公司將盡速安排張鈞接手專案，並確保專案進度與品質不受影響，敬請貴單位放心。

## 附件

檢附張鈞之履歷表一份，敬請查照。

‹　1/1　›　　🖉 你是中華民國寫...　　　　　　　　　AI 產生的內容可能不正確。　👍 👎

 ✓ 保留　🔄　🗑　　例如，「讓會議正式化」　　　　　　　　→

## 14.2.5 案例五：請機關派員現場巡視

專案執行到一定階段，告知機關可前往視察：

---

**使用 Copilot 編寫草稿** ✕

你是中華民國寫政府公文的專家，依照政府公文格式的主旨、說明、辦法三段式撰寫
背景：本公司承攬勞務，請機關派員視察
目標：依照契約，每個月需通知機關派員訪視進度

0 / 2000

產生

---

**使用 Copilot 撰寫草稿** ✕

特別注意事項：
直接稱謂時使用：下級對上級：鈞、大，上級對下級：貴，自稱：本
主旨結構：主旨起首語＋本案主要意旨＋期望語
主旨起首語：查、有關、關於、制定、訂定、修正、廢止、函送
主旨尾端：對上級單位：請 鑒核、請 核備、請 核示，對平行單位：請 查照、請 查照辦理，對下
級單位：希 查照、希 照辦
附件時使用：對上級單位：檢陳、附陳，對平行、下級單位：檢送、檢附

0 / 2000

產生

通知機關訪視的初稿：

# 通知機關派員訪視進度

## 主旨

本公司承攬機關之勞務，依照契約，每個月需通知機關派員訪視進度，敬請機關指派人員於本月底前前來訪視。

## 說明

- 本公司與機關於2024年1月1日簽訂勞務契約，承攬機關之資訊系統維護及更新服務，契約期限為一年。
- 依照契約第五條之規定，本公司每個月需向機關提供工作進度報告，並接受機關之訪視與檢驗。
- 本公司已於2024年6月1日提交本月之工作進度報告，詳如附件一。
- 本公司工作進度符合契約之要求，未發生任何延誤或瑕疵。

## 辦法

- 敬請機關於2024年6月30日前指派人員前來本公司訪視，並事先通知本公司訪視之日期、時間及人員名單。
- 本公司將配合機關之訪視安排，提供所需之資料及協助。
- 如有任何問題或建議，請隨時與本公司聯繫。

此致

敬禮

承攬公司負責人：王小明

電話：02-12345678

電子郵件：wang@contractor.com

關於訪視的時間地點：

# 通知機關派員訪視進度

## 主旨

本公司承攬機關之勞務，依照契約，每個月需通知機關派員訪視進度，敬請機關指派人員於本月底前前來訪視。

## 說明

- 本公司與機關於2024年1月1日簽訂勞務契約，承攬機關之資訊系統維護及更新服務，契約期限為一年。
- 依照契約第五條之規定，本公司每個月需向機關提供工作進度報告，並接受機關之訪視與檢驗。
- 本公司已於2024年6月1日提交本月之工作進度報告，詳如附件一。
- 本公司工作進度符合契約之要求，未發生任何延誤或瑕疵。

## 辦法

- 敬請機關於2024年6月30日前指派人員前來本公司訪視，並事先通知本公司訪視之日期、時間及人員名單。
- 本公司將配合機關之訪視安排，提供所需之資料及協助。
- 如有任何問題或建議，請隨時與本公司聯繫。

此致

敬禮

承攬公司負責人：王小明

電話：02-12345678

電子郵件：wang@contractor.com

　　對本版部分文句不滿意，可以針對某些語句反白，下拉式選單選擇「自動重寫：」

> **本公司承攬機關之勞務，依照契約，每個月需通知機關派員訪視進度，敬請機關指派人員於本月底前前來訪視。**

從選取範圍產生

✦ 撰寫提示...

〰 自動重寫

⊞ 視覺化為資料表

...2024年1月1日簽訂勞務契約，承攬機關之資訊系統維護及更新...為一年。

...之規定，本公司每個月需向機關提供工作進度報告，並接受機...

・本公司已於2024年6月1日提交本月之工作進度報告，詳如附件一。

不知道改寫方向，可以在下拉示選單選取「撰寫提示」：

> **本公司承攬機關之勞務，依照契約，每個月需通知機關派員訪視進度，敬請機關指派人員於本月底前前來訪視。**

從選取範圍產生

✦ 撰寫提示...

〰 自動重寫

⊞ 視覺化為資料表

...2024年1月1日簽訂勞務契約，承攬機關之資訊系統維護及更新...為一年。

...之規定，本公司每個月需向機關提供工作進度報告，並接受機...

・本公司已於2024年6月1日提交本月之工作進度報告，詳如附件一。

**本公司承攬機關之勞務，依照契約，每個月需通知機關派員訪視進度，敬請機關指派人員於本月底前前來訪視。**

有關本公司承攬貴機關資訊系統維護及更新服務之月度訪視事宜，敬請貴機關於本月底前指派人員前來訪視，請 鑒核。

< 1/1 > ✐ 特別注意事項：...　　　　　AI 產生的內容可能不正確。 👍 👎

說明

✓ 保留　↻　🗑　例如，「變得更專業」　　　　→

　　或者用滑鼠按左鍵，出現下拉式選單，選擇「Copilot」後的下拉式選單，選擇「使用 Copilot 重寫」

## 14.2.6 案例六：專案品質缺失改善

專案品質缺失改善：

**使用 Copilot 編寫草稿** ✕

你是中華民國寫政府公文的專家，依照政府公文格式的主旨、說明、辦法三段式撰寫
背景：本公司承攬勞務，專案品質被檢測出瑕疵，已經改善
目標：依照契約，每個月需通知機關派員訪視進度，上次督導已改善指正
特別注意事項：
直接稱謂時使用：下級對上級：鈞、大，上級對下級：貴，自稱：本
主旨結構：主旨起首語＋本案主要意旨＋期望語
主旨起首語：查、有關、關於、制定、訂定、修正、廢止、函送
主旨尾端：對上級單位：請 鑒核、請 核備、請 核示，對平行單位：請 查照、請 查照辦理，對下級單位：希 查照、希 照辦
附件時使用：對上級單位：檢陳、附陳，對平行、下級單位：檢送、檢附

0 / 2000

產生

專案品質改善情形公文初稿：

# 關於本公司承攬勞務專案品質改善情形請查照

## 主旨

關於本公司承攬勞務專案品質改善情形請查照。

## 說明

- 一、本公司承攬貴機關之XXX專案，依照契約，每個月需通知貴機關派員訪視進度。
- 二、上次督導時，貴機關指正本公司專案品質有瑕疵，本公司已依貴機關之要求，立即改善並提出改善報告。
- 三、為確保專案品質符合貴機關之期待，本公司已加強品質管理，並定期檢測、檢討專案進度。
- 四、本公司專案品質改善情形，謹檢附改善報告一份，敬請貴機關查照。

## 辦法

請貴機關查照，如有任何問題或建議，請不吝賜教，本公司將盡速回覆。

< 1 / 1 > ✏ 你是中華民國寫...　　　　　　　　AI 產生的內容可能不正確。 👍 👎

✓ 保留　↻　🗑　例如，「在此草稿上詳細闡述」　→

### 14.2.7 案例七：報告改善完成

報告改善完成：

```
✦ 使用 Copilot 編寫草稿                                          ✕

你是中華民國寫政府公文的專家，依照政府公文格式的主旨、說明、辦法、附件四段式撰寫
背景：本公司承攬某部門的勞務案，上次督導已改善完成，並寫成報告
目標：提送改善報告
特別注意事項：
直接稱謂時使用：下級對上級：鈞、大，上級對下級：貴，自稱：本
主旨結構：主旨起首語＋本案主要意旨＋期望語
主旨起首語：查、有關、關於、制定、訂定、修正、廢止、函送
主旨尾端：對上級單位：請 鑒核、請 核備、請 核示，對平行單位：請 查照、請 查照辦理，對下
級單位：希 查照、希 照辦
附件時使用：對上級單位：檢陳、附陳，對平行、下級單位：檢送、檢附

0 / 2000
```

產生

報告改善公文初稿：

# 查勞務案改善報告請核示

## 中華民國 一百一十三年 六月 八日

# 主旨

查貴部委託本公司承攬某勞務案，上次督導發現部分不符規定事項，本公司已依督導意見改善完成，並寫成報告，敬請鑒核。

# 說明

- 一、本公司於一百一十三年五月十五日接獲貴部督導通知，指出某勞務案在執行過程中有以下不符規定事項：
- (一)部分工作人員未穿著統一制服。
- (二)部分工作場所未標示清楚工作內容及負責人。
- (三)部分工作紀錄未按時填寫及上傳。

報告說明細節：

二、本公司接獲督導通知後，立即召開內部會議，針對不符規定事項進行檢討及改善，並於一百一十三年五月三十一日完成改善工作，具體改善措施如下：

(一)要求所有工作人員在執行勞務案時必須穿著統一制服，並定期檢查制服的整潔度及完整度。

(二)要求所有工作場所在明顯位置標示工作內容及負責人的姓名、職稱及聯絡方式，並定期更新資訊。

(三)要求所有工作紀錄在每日工作結束前填寫完畢，並於次日上午九時前上傳至貴部指定的系統，並保留紙本備查。

三、本公司已將改善過程及結果寫成報告，並附有相關證明文件及照片，特此檢陳，敬請鑒核。

# 辦法

請貴部核示。

## 14.2.8 案例八：專案結束，請求驗收

請求驗收：

使用 Copilot 編寫草稿　　　　　　　　　　　　　　　　　✕

你是中華民國寫政府公文的專家，依照政府公文格式的主旨、說明、辦法、附件四段式撰寫
背景：本公司承攬某部門的勞務案，已經在契約規定時間內完成
目標：勞務案已完成，通知機關驗收
特別注意事項：
直接稱謂時使用：下級對上級：鈞、大，上級對下級：貴，自稱：本
主旨結構：主旨起首語＋本案主要意旨＋期望語
主旨起首語：查、有關、關於、制定、訂定、修正、廢止、函送
主旨尾端：對上級單位：請 鑒核、請 核備、請 核示，對平行單位：請 查照、請 查照辦理，對下
級單位：希 查照、希 照辦
附件時使用：對上級單位：檢陳、附陳，對平行、下級單位：檢送、檢附

0 / 2000

產生

完成通知請驗收初稿：

# 查某部門勞務案完成通知請驗收

某公司

# 主旨

查某部門勞務案完成通知請驗收

# 說明

- 本公司受貴部門委託，承攬某部門勞務案，依照契約規定，於2024年6月7日完成所有工作項目。

勞務成果報告通知並告知有附件：

- 本公司已將勞務案成果報告及相關文件，檢附一式三份，於2024年6月8日以掛號郵寄至貴部門。
- 本公司謹此通知貴部門，並請於收件後，儘速安排驗收人員，進行驗收作業。

# 辦法

請貴部門於收件後，儘速安排驗收人員，進行驗收作業，並將驗收結果通知本公司。

# 附件

某部門勞務案成果報告及相關文件一式三份，檢附敬呈。

有特別注意事項要微調：

〈 若要微調草稿，請新增一些詳細資料並重新產生

你的主旨、說明的內容稱謂沒有按照格式寫，要遵照之前的指令「特別注意事項」　　　→

修正產生第二個版本：

# 主旨

查某部門勞務案完成請鈞驗收

## 說明

- 本公司受鈞部門委託，承攬某部門勞務案，依照契約規定，於2024年6月7日完成所有工作項目。
- 本公司已將勞務案成果報告及相關文件，檢附一式三份，於2024年6月8日以掛號郵寄至鈞部門。
- 本公司謹此通知鈞部門，並請於收件後，儘速安排驗收人員，進行驗收作業。

## 辦法

請鈞部門於收件後，儘速安排驗收人員，進行驗收作業，並將驗收結果通知本公司。

## 附件

某部門勞務案成果報告及相關文件一式三份，檢陳敬呈。

## 主旨

查某部門勞務案完成請鈞驗收

## 說明

- 本公司受鈞部門委託，承攬某部門勞務案，依照契約規定，於2024年6月7日完成所有工作項目。
- 本公司已將勞務案成果報告及相關文件，檢附一式三份，於2024年6月8日以掛號郵寄至鈞部門。
- 本公司謹此通知鈞部門，並請於收件後，儘速安排驗收人員，進行驗收作業。

# 辦法

請鈞部門於收件後，儘速安排驗收人員，進行驗收作業，並將驗收結果通知本公司。

# 附件

某部門勞務案成果報告及相關文件一式三份，檢陳敬呈。

## 14.2.9　案例九：專案遇到困難

---

**使用 Copilot 編寫草稿**　✕

你是中華民國寫政府公文的專家，依照政府公文格式的主旨、說明、辦法、附件四段式撰寫

背景：本公司承攬某部門的勞務案，無法如期與會期中報告，希望改時間

目標：本公司希望機關能展延期中報告日期，本公司與機關為平行單位，主旨結尾使用請 查照

特別注意事項：
直接稱謂時使用：下級對上級：鈞、大，上級對下級：貴，自稱：本
主旨結構：主旨起首語＋本案主要意旨＋期望語
主旨起首語：查、有關、關於、制定、訂定、修正、廢止、函送
主旨尾端：對上級單位：請 鑒核、請 核備、請 核示，對無互相隸屬的平行單位：請 查照、請

0 / 2000

產生

勞務期中報告延期初稿：

# 主旨

關於某部門勞務案期中報告展延之請求，敬請 查照。

# 說明

- 一、本公司承攬貴部門某勞務案，依約定應於 2024 年 6 月 30 日前提出期中報告。
- 二、由於本案執行過程中遇到不可預期的困難，影響本公司人員與資源的調配，導致期中報告之編製工作無法如期完成。
- 三、為確保期中報告之品質與內容，本公司謹請貴部門能體諒本公司之處境，同意展延期中報告之繳交期限，延至 2024 年 7 月 31 日止。
- 四、本公司將盡全力加速本案之執行，並於展延期限內，提出完整且符合貴部門需求之期中報告。

# 辦法

敬請貴部門核准本公司之展延請求，並函示本公司。

# 附件

檢附本案執行困難之說明書一份，敬請查照。

報告說遇到困難申請延期：

# 主旨

關於某部門勞務案期中報告展延之請求，敬請 查照。

# 說明

- 一、本公司承攬貴部門某勞務案，依約定應於 2024 年 6 月 30 日前提出期中報告。
- 二、由於本案執行過程中遇到不可預期的困難，影響本公司人員與資源的調配，導致期中報告之編製工作無法如期完成。
- 三、為確保期中報告之品質與內容，本公司謹請貴部門能體諒本公司之處境，同意展延期中報告之繳交期限，延至 2024 年 7 月 31 日止。
- 四、本公司將盡全力加速本案之執行，並於展延期限內，提出完整且符合貴部門需求之期中報告。

# 辦法

敬請貴部門核准本公司之展延請求，並函示本公司。

# 附件

檢附本案執行困難之說明書一份，敬請查照。

## 14.2.10 案例十：請機關出面協調

請機關出面協調專案協助：

---

◎ 使用 Copilot 編寫草稿 　　　　　　　　　　　　　　　 ✕

你是中華民國寫政府公文的專家，依照政府公文格式的主旨、說明、辦法、三段式撰寫

背景：本公司承攬A部門的勞務案，依照合約需要提送報告，但報告中要引用重要的數據，該數據在B部門手中，而A、B部門互不隸屬

目標：本公司希望A部門與B部門協調，讓B部門提供關鍵數據給本公司，本公司與機關為平行單位，主旨結尾使用請 查照

0 / 2000

產生

---

請求其他機關提供寫報告的所需數據公文初稿：

# 主旨

有關本公司承攬A部門勞務案報告所需數據之請求，請 查照。

# 說明

- 本公司與貴部門於2024年1月1日簽訂勞務合約，承攬貴部門之某項專案，合約期限至2024年6月30日止。
- 依照合約規定，本公司應於2024年7月10日前提送專案報告，報告中應包含該專案之目標、過程、成果、評估等項目。
- 本公司在撰寫報告時，發現需要引用B部門所持有之某項重要數據，該數據為該專案之成果評估之依據，不可或缺。
- 本公司已於2024年6月1日向B部門提出書面申請，請求提供該數據，惟至今未獲回覆，故本公司無法完成報告。

## 辦法

- 本公司謹請貴部門與B部門協調，儘速將該數據檢送本公司，以利本公司完成報告，並於期限內提送貴部門。
- 本公司將於收到該數據後，立即進行報告之撰寫與修正，並於2024年7月15日前提送貴部門，敬請鈞知。

說明需要其他機關的數據公文初稿：

# 主旨

有關本公司承攬A部門勞務案報告所需數據之請求，請 查照。

# 說明

- 本公司與貴部門於2024年1月1日簽訂勞務合約，承攬貴部門之某項專案，合約期限至2024年6月30日止。
- 依照合約規定，本公司應於2024年7月10日前提送專案報告，報告中應包含該專案之目標、過程、成果、評估等項目。
- 本公司在撰寫報告時，發現需要引用B部門所持有之某項重要數據，該數據為該專案之成果評估之依據，不可或缺。
- 本公司已於2024年6月1日向B部門提出書面申請，請求提供該數據，惟至今未獲回覆，故本公司無法完成報告。

# 辦法

- 本公司謹請貴部門與B部門協調，儘速將該數據檢送本公司，以利本公司完成報告，並於期限內提送貴部門。
- 本公司將於收到該數據後，立即進行報告之撰寫與修正，並於2024年7月15日前提送貴部門，敬請鈞知。

## 14.2.11 案例十一：索取驗收證明

跟機關申請驗收證明：

> **使用 Copilot 編寫草稿**　　　　　　　　　　×
>
> 你是中華民國寫政府公文的專家，依照政府公文格式的主旨、說明二段式撰寫
>
> 背景：本公司承攬A部門的勞務案，依照合約已經完成專案，上次驗收也通過
>
> 目標：本公司希望機關開驗收證明文件，有了這份文件當作成功案例實際經驗，未來可以用這份經驗標類似案子，本公司與機關為平行單位，主旨結尾使用請 查照
>
> 0 / 2000
>
> 產生

申請專案結束驗收通過的證明初稿：

# 主旨

本公司承攬貴部門XX年度OO勞務案，依照合約規定已完成專案並通過驗收，特請貴部門開具驗收證明文件，以供本公司日後標案參考，請 查照。

# 說明

- 一、本公司於XX年XX月XX日與貴部門簽訂OO勞務案合約，合約編號為OOOOOO，合約金額為新台幣XX萬元整。
- 二、本公司依照合約規定，於XX年XX月XX日完成專案並提交驗收報告，並於XX年XX月XX日舉行驗收會議，由貴部門相關人員出席，經審查後，該專案已符合合約要求，並獲得貴部門的肯定與讚賞。
- 三、為了確保本公司在未來標案時能夠提供該專案的成功案例，並增加本公司的競爭力，特請貴部門開具驗收證明文件，證明本公司已完成該專案並通過驗收，並請貴部門於XX年XX月XX日前將該文件寄至本公司地址，本公司將不勝感激。

### 14.2.12 案例十二：超過時間，但其實已經改善完成

專案依照前次會議評審指示在期限內改善完成，但機關更改再次驗收的時間，特別通知機關公司的改善依照會議記錄執行，沒有逾期：

---

**使用 Copilot 編寫草稿**　　　　　　　　　　　×

你是中華民國寫政府公文的專家，依照政府公文格式的主旨、說明二段式撰寫

背景：本公司承攬A機關的勞務案，依照合約已經完成專案，第一次驗收部分通過，原訂5月2日進行第二次驗收，因為機關的簽呈流程尚未跑完而未如期召開

目標：本公司告知已在5月2日之前修正完成，並非未如期參加5月2日的第二次驗收，本公司與機關為平行單位，主旨結尾使用請 查照

0 / 2000

**產生**

---

告知專案依照前次會議評審指示在期限內改善完成初稿：

# 主旨

- 本公司承攬A機關勞務案，已於5月2日前完成所有修正事項，惟因機關簽呈流程未完，未能如期進行第二次驗收，爰特函告，請 查照。

# 說明

- 一、本公司與A機關於2024年1月1日簽訂勞務合約，承攬該機關的專案，合約期限至2024年5月31日止。
- 二、本公司依照合約規定，於2024年4月15日完成專案，並通過第一次驗收，機關提出部分修正事項，本公司即時進行修正，並於5月2日前完成。
- 三、依照合約規定，本公司應於5月2日參加第二次驗收，惟因機關簽呈流程尚未跑完，未能如期召開第二次驗收會議，故本公司未能參加。
- 四、本公司與A機關為平行單位，本公司已履行合約義務，並非未如期參加第二次驗收，敬請機關理解，並儘速完成簽呈流程，以利後續驗收工作。

這個版本的口氣不對，不能把錯怪在機關身上，因此下指令調整：

〈 若要微調草稿，請新增一些詳細資料並重新產生

不能把錯誤歸咎於機關　　　　　　　　　　　　　　　　　→

第二版公文初稿：

# 主旨

- 本公司已於5月2日前完成A機關勞務案的修正事項，惟因第二次驗收會議尚未召開，故未能參加，特此函告，請 查照。

# 說明

- 一、本公司與A機關於2024年1月1日簽訂勞務合約，承攬該機關的專案，合約期限至2024年5月31日止。
- 二、本公司依照合約規定，於2024年4月15日完成專案，並通過第一次驗收，機關提出部分修正事項，本公司即時進行修正，並於5月2日前完成。
- 三、依照合約規定，本公司應於5月2日參加第二次驗收，惟因第二次驗收會議尚未召開，故未能參加，並非本公司違約或怠惰。
- 四、本公司與A機關為平行單位，本公司已履行合約義務，敬請機關儘速召開第二次驗收會議，以利後續驗收工作。

## 14.2.13 案例十三：跟法院報告員工已離職

前員工在外欠錢不還，法院因此來函公司告知員工的薪水要部分拿來還債：

使用 Copilot 編寫草稿 ✕

你是中華民國寫政府公文的專家，依照政府公文格式的主旨、說明、附件三段式撰寫

背景：本公司的前員工有欠債，被法院告知要把部分薪水拆分給債主

目標：本公司回復法院的函，並提供附件離職證明員工已經離職數月，主旨結尾使用請 查照

0 / 2000

產生

告知法院前員工已經不在本公司工作的初稿：

# 主旨

本公司於2024年4月1日收到貴院轉達之前員工王小明債務分割通知，茲提供附件一份，請 查照。

# 說明

一、本公司於2023年12月31日與前員工王小明解除勞動契約，並發給離職證明書。

二、本公司於2024年1月31日支付前員工王小明最後一筆薪資，至今已無任何與前員工王小明之金錢往來。

三、本公司尊重貴院之裁定，惟前員工王小明已非本公司之員工，本公司無法依貴院之通知，將前員工王小明之薪水拆分給債主。

# 附件

前員工王小明之離職證明書一份。

由於是回函，要回覆貴院的某某號函：

< 1／1 > ✏ 你是中華民國寫...　　　　　　　　AI 產生的內容可能不正確。 👍 👎

✓ 保留　↻　🗑　　說明的第一條要寫「復 貴院某字00000000000號函」　→

回函的第二版初稿：

# 主旨

本公司於2024年4月1日收到貴院轉達之前員工王小明債務分割通知，茲提供附件一份，請 查照。

# 說明

一、復 貴院某字00000000000號函，本公司於2023年12月31日與前員工王小明解除勞動契約，並發給離職證明書。

二、本公司於2024年1月31日支付前員工王小明最後一筆薪資，至今已無任何與前員工王小明之金錢往來。

三、本公司尊重貴院之裁定，惟前員工王小明已非本公司之員工，本公司無法依貴院之通知，將前員工王小明之薪水拆分給債主。

# 附件

前員工王小明之離職證明書一份。

## 14.2.14 案例十四：申請證照

申請證照的公文：

---

**✦ 使用 Copilot 編寫草稿**                                    ✕

你是中華民國寫政府公文的專家，依照政府公文格式的主旨、說明、附件三段式撰寫

背景：本公司向公家機關申請證照

目標：本公司會檢附相關證明，符合申請規定，想申請證照，主旨結尾使用請 查照

0 / 2000

**產生**

---

申請證照的公文初稿：

# 主旨

本公司欲向貴單位申請XX證照，敬請查照。

# 說明

- 本公司名稱為OOO，成立於2023年1月1日，主要從事YYY業務。
- 本公司為遵守相關法令規定，需向貴單位申請XX證照，以合法經營本業。
- 本公司已依據申請規定，準備好相關證明文件，包括：營業登記證、負責人身分證、業務計畫書等，詳如附件。
- 敬請貴單位審核本公司之申請，並發給XX證照，以利本公司正常營運。

# 附件

- 營業登記證影本一份
- 負責人身分證影本一份
- 業務計畫書一份

# 15. 未來展望與結語

與 AI 協作，做好準備脫離辦公室的那一天。

時代越來越快！現今的時代發展迅速，許多人面臨裸辭或被逼退的困境，沒有備案的情況下，甚至連一個月都撐不住。與 AI 合作寫報告就是一步步打造失速墜機時的滑翔翼與降落傘，當快墜機時，能無後顧之憂地縱身一跳。

讓我們回顧一下之前的內容，身為社畜的我們，究竟要如何逃出辦公室的牢籠？

辦公室對於社畜而言，是時間、精神和收入的牢籠，一張辦公桌就囚禁了我們的未來。經典電影《刺激 1995》（The Shawshank Redemption，中國翻譯為肖申克的救贖）中，主角安迪被冤枉入獄後，開始策劃逃獄計畫，每天默默地挖地道，待天時地利人和一切到位時逃出監獄。

如果上班對你來說就像坐牢一樣，那是否該有自己的逃獄計畫呢？電影中的安迪挖了 16 年才成功逃脫，難道我們為了脫離辦公室，才努力 1 到 3 年就放棄，這不是很奇怪嗎？老闆花多少錢買斷你的夢想，值得嗎？

## 逃離辦公室的關鍵策略

逃離辦公室的關鍵在於慢慢建立不用依賴組織給予薪資也能生存的「一人公司」型態，而其通路就是個人品牌。許多人認為脫離公司自行創業風險很高，短期而言確實如此。然而，將時間拉長至 20 年以上，即使在公司當上高階主管，風險越來越大。以公司經營成本來看，每年付給高階主管的薪資越來越高，但整體績效可能不如雇用年輕且能夠拼命工作的員工來節省成本。

## 一人公司的優勢

上班越久，風險越大；反觀經營個人品牌的一人公司則如倒吃甘蔗，過去累積的數位資產能為你創造源源不絕的收入。寫報告是職場寫作的重要一環，

我認為底層邏輯在於看到我們與他人的差異，特別是我們能幫忙解決的問題，這其實與經營職場自媒體無異。自媒體本來就要精準提出問題，並且是好問題，這樣長官、同事、客戶才會持續與我們溝通，並透過一些技巧達成我們的目的。

## 與 AI 協作的意義

AI 是我們的助理，與它互相合作，在職場上每個字的書寫、每頁簡報的製作，不是為了公司，而是為了我們的未來：越獄，逃出辦公室去做我們真正想做的事。我們可以關心客戶，但首先必須能解決別人的問題，才能稱兄道弟。

報告有哪些？根據場景分為：請人幫忙、社群發文、行動呼籲、日報、週報、活動檢討報告、總結報告、會議記錄、Email、簡報。

因此，由以上的策略，我們簡單執行以下步驟：

## 自主練習清單

步驟一：長期抗戰準備，以自媒體心態寫報告

你可能會說，公司只有老闆、老闆娘和我，這樣要寫什麼報告呢？除了一般群組的日常回覆外，最讓人驚艷的莫過於每天的當日回報與週報。寫報告就如同辦公室內的自媒體，自媒體的核心是以閱讀者為中心，讓對方知道你在做什麼，呈現觀點，問出好問題，提供可行的多個方案。

步驟二：習慣多寫多錯的日常，做出差異化

通常前幾個月多寫多錯，挫折感滿滿，乾脆不寫不錯。這種想法是錯誤的，每天被嫌棄就不寫了，你就會淪為徹底的社畜，不僅逃不出辦公室，總有一天還會被公司宰來吃。日報和週報是蒐集情報的地方，要與你的老闆「對答案」，看思考方式是否一致。

之前提到過，結論先行後才用清單體條列式一條一條列出思考過程。這不會花你 10 分鐘，出去抽菸摸魚一下就不只 10 分鐘了，況且現在有 Copilot。

## 老闆很爛，還有必要嗎？

如果你認為老闆什麼都不懂還下指導棋，那就更有必要展示自己在工作中的思考過程和依據。即使老闆不懂，你也可以通過簡單明了的解釋讓他感受到你的專業性。例如：

關鍵變量：選擇廣告通路時，我們考慮了目標受眾的網絡使用習慣。

方案對比：比較了三種廣告方案，最終選擇了回報率最高的一種。

潛在風險：識別了新廣告方案的潛在風險，並制定了應對措施。

每週報告行業內的新動態和競爭對手信息。即使老闆不懂這些內容，也可以展示你的專業形象和行業敏銳度。例如：

行業動態：本週主要競爭對手推出了新產品，我們應密切關注其市場反應。

技術發展：新的行銷自動化工具正在普及，可以考慮導入提高效率。

## 自媒體的本質

自媒體就是在展現專業，報告等同辦公室內的自媒體，持續提供思路和解決方法。想想看，你每天這麼高強度的輸出，一般社畜根本不屑這麼做只會抱怨。為了兩、三年後逃出辦公室鋪路，至少思辨表達能力不可能差到哪裡去。

步驟三：透過日報、週報持續「對答案」

了解上司和公司的具體需求和期望，確定報告的關鍵點。利用 Copilot 收集相關資料，包括數據、案例分析和市場研究報告。

步驟四：週報與其他文件，找到你「能直接面對市場」的問題

也就是説，你不用再靠這家公司也能活得很好。問題分成三種：新答案、新問題、新分類。

新答案層：這可以指新的解決方案或改進現有問題的方法。例如，肥胖症這個問題存在已久，最近有了一種新答案，治療二型糖尿病的部分 GLP-1 類藥物能通過抑制食欲來減重，如司美格魯肽，這就成了減重行業的一個新答案。

新問題層：在原有的問題之外，提出了新的問題，制定了新的社會議題。例如，GPT 的火爆就給很多行業提出了新問題：如何與 AI 協作？ AI 會催生哪些與我相關的機會？

新分類層：這是指知識結構的重組，創造出新的分類和理解方式。例如，商業上可能涉及重新定義產業界限、創造新的市場細分或發展跨學科的創新方法。

步驟五：直接面對市場，問出好問題

能從目前公司帶走的，就是每天在你目前待的產業打滾，你一直在蒐集外界消息，經過消化整理後，頻繁寫報告後萃取出來的「一系列好問題」，一系列好問題俗稱「洞察」。

AI 時代不缺答案，絕對缺好問題，能問出好問題的人，會成為稀缺資源。運用 HQ&A 原則，把蒐集到的這些好問題，與 Copilot 一起修改，按照寫報告的邏輯寫一遍，將這些思辨寫在訂製的履歷自傳中，並發佈到 LinkedIn 等平台，針對有興趣的產業或人，直接私訊請吃飯，並貼上你的觀點，表示你有做功課，這樣沒有人會等閒視之。

## 與 AI 協作的未來

AI 在報告寫作中的未來趨勢

隨著 AI 技術的發展，AI 在報告寫作中的應用將變得越來越普遍。AI 能夠幫助我們更快速地收集資料、分析數據，甚至生成初稿。這樣我們可以把更多的時間花在高層次的思考和策略制定上。

## CoPilot 的持續學習和更新

CoPilot 會持續學習和更新，以提供更好的服務。透過機器學習，CoPilot 會變得越來越聰明，能夠理解我們的寫作風格和偏好，並提供更貼近我們需求的建議。

## 讀者的下一步

讀者在閱讀本書後，應該開始思考如何與 AI 協作，提升自己的報告寫作能力。透過不斷練習和應用本書中的方法，你將能夠寫出更具說服力的報告，並為自己創造更多的機會。

## 寫在最後

與 AI 協作是我們脫離辦公室的關鍵一步。透過不斷學習和應用新技術，我們能夠提升自己的競爭力，並實現自己的夢想。希望本書能夠幫助你在職場上脫穎而出，最終實現脫離辦公室的計畫。

在未來的職場中，我們將會面臨更多的挑戰和機遇。AI 技術的不斷發展，將會改變我們的工作方式和生活方式。我們需要提前做好準備，學會如何運用 AI 技術，提升自己的競爭力。

Microsoft Copilot 是一個強大的工具，能夠幫助我們在職場中脫穎而出，並且能夠為未來的發展做好準備。通過學習如何使用 Microsoft Copilot，我們可以提升自己的報告寫作能力，並且能夠更加高效地完成工作。

## 最後的建議

在本書的最後，我想給你一些建議，希望能夠幫助你在職場中取得成功。

首先，保持學習的心態。AI 技術不斷發展，我們需要不斷學習新的技能，才能夠在職場中立於不敗之地。無論你現在處於什麼樣的職位，都要保持學習的心態，不斷提升自己的能力。

其次，善用 AI 技術。AI 技術是一個強大的工具，能夠幫助我們提升工作效率，並且展示我們的價值。我們需要學會如何運用 AI 技術，才能夠在職場中脫穎而出。

最後，保持積極的心態。脫離辦公室，重新奪回人生的主導權，是一個漫長的過程。我們需要保持積極的心態，勇敢面對各種挑戰，才能夠實現自己的目標。

現在，就讓我們一起踏上這場逃離辦公室的旅程，運用 AI 的力量，寫出優秀的報告，逐步實現我們的目標，奪回人生的主導權。希望這本書，能夠成為你在職場中的得力助手，幫助你實現自己的夢想，過上自己想要的生活。

## 參考書單：

線上課程《職場寫作公開課》，羅硯，得到 app 平台

線上課程《有效提升你的職場寫作能力》，戴愫，得到 app 平台

線上課程《給職場人的 AI 寫作課》，快刀青衣，得到 app 平台

線上課程《怎樣寫好一份工作總結？》，李忠秋，得到 app 平台

線上課程《職場微課》，得到訓練團隊，得到 app 平台

線上課程《有效訓練你的結構化思維》，李忠秋，得到 app 平台

《職場寫作從入門到精通》，萬盛蘭，人民郵電出版社，2021 年 1 月

《這樣寫就對了：職場寫作的 30 個場景》，胡森林，人民郵電出版社，2020 年 1 月

《寫作，是最好的自我投資》，陳立飛，遠流出版社，2019 年 1 月

《讓寫作成為自我精進的武器》，師北宸，新樂園出版社，2020 年 8 月